AF453404

LEÇONS POPULAIRES
D'ÉCONOMIE RURALE

PAR

FELICE GARELLI

COMMANDEUR DE L'ORDRE DE SS. MAURICE ET LAZARE

ET DE LA COURONNE D'ITALIE

DÉPUTÉ A LA CHAMBRE ITALIENNE

TRADUCTION FRANÇAISE

PAR

C. BONELLI

NICE

IMPRIMERIE NIÇOISE, DESCENTE CROTTI, 8

(En face le Square Masséna)

1887

AVANT-PROPOS

En offrant aux agriculteurs français la traduction de cette série de conférences faites par M. Felice Garelli, je n'ai d'autre but que celui de rendre populaire en France l'homme éminent, dont la vie toute entière n'est qu'un exemple d'abnégation, de travail et de persévérance qu'il a offert tout d'abord, comme professeur et dont il fait preuve actuellement encore à la tribune de la Chambre.

A l'époque où — sur l'invitation spéciale du gouvernement — l'auteur de ces pages faisait ainsi la propagande de la science agronomique et agricole, l'Italie était loin d'offrir à l'économiste la même prospérité qu'elle présente aujourd'hui.

Imitant la France, cette nation exemplaire en fait d'activité, d'intelligence et d'industrie, et excitée aussi par les théories éminemment populaires de M. Garelli, l'Italie a fait, dans ses derniers vingt ans, des progrès immenses qui lui permettent d'occuper une des premières places parmi les nations agricoles de l'Europe. *Si l'homme fait la terre, la terre fait l'homme et en augmentant la valeur morale et physique d'un homme on augmente d'autant la valeur de la terre qu'il cultive.*

Ce sont ses propres paroles que je lui ai empruntées pour la circonstance, car elles me semblent résumer toute sa pensée.

Les œuvres de M. Garelli ont été partout accueillies avec une faveur exceptionnelle ; il n'y a pas de petit village italien qui ne possède les brochures de Felice Garelli, et, sans être taxé d'exagération, je crois pouvoir affirmer que nous lui devons tous, une grande partie de l'amélioration de nos campagnes et des progrès constants de nos colons.

Ses livres : *Il Giovinetto campagnuolo* (Le jeune campagnard) et la *Giovinetta campagnuola* (La jeune fille campagnarde) dont on vient d'épuiser la *quarante-cinquième édition*, sont des manuels de morale, d'hygiène et d'économie domestique que je recommande à toutes les familles, quelle que soit la classe sociale à laquelle elles appartiennent.

Le congrès pédagogique de Rome accordait à cet ouvrage la médaille d'argent et le ministre d'agriculture et du commerce en reconnaissait l'utilité et l'approuvait de suite, en l'appuyant de toute son autorité auprès des conseils scolaires et des communes.

En septembre 1874 le congrès pédagogique de Naples décernait une médaille d'argent à M. Garelli pour sa brochure : *Il buon colticatore* (Le bon cultivateur) que l'auteur destine aux écoles rurales et aux habitants de la campagne.

Voici en quels termes s'exprime, au sujet de cette brochure, le Jury de la classe XII (Instruction Industrielle) sous la présidence de M. le Commandeur Ciccone, ex-ministre de l'agriculture et du commerce.

— « *Il buon coltivatore* de M. Felice Garelli mérite la faveur publique, ce livre atteignant le but que l'auteur se propose : d'initier graduellement la classe des campagnards à la connaissance scientifique des choses agraires. »

M. Garelli a, en outre, fait paraître plusieurs autres ouvrages très remarquables, tels que ses Études sur le meilleur moyen de faire les vins ordinaires (*Sul miglior modo di fare i vini comuni*), un mémoire qui a obtenu la médaille d'or. La culture de la vigne en Italie — un vol, in-12. — Sur les doctrines électriques du XVIIIe siècle. — La section de l'Isthme de Suez et la perforation des Alpes Italiennes, etc.

Je ne puis cependant pas passer sous silence ce que M. Garelli écrit en tête d'un de ses ouvrages (*La giovinetta campagnuola*) dont nous avons parlé tout à l'heure ; je voudrais que ces quelques paroles fussent reproduites partout où l'éducation de la femme tend à se généraliser, et il serait peut-être très utile d'influencer nos jeunes filles à y réfléchir par deux fois, avant de se lancer dans l'étude de matières superflues pour leur sexe et qui, tout en aboutissant au brevet simple et au brevet supérieur, ne sert la plupart du temps, qu'à les placer dans une fausse situation ou augmenter tout au moins, la gêne particulière et l'embarras général.

IV

Voici ce qu'en pense M. Felice Garelli :

« Attendu que son éducation, (de la jeune fille), commence et s'achève à l'école, il serait plus raisonnable d'exiger qu'elle eût pour but d'instruire et d'éduquer dans la *jeune fille* simultanément la *mère de famille* et la *bonne ménagère* ; car, dans le cas contraire, l'école ne donnerait pas les résultats qu'elle a promis et que la nation attend d'elle. »

Si cet essai de traduire en français le présent ouvrage aura les résultats que j'espère, ce sera avec le plus grand plaisir que je me mettrai à l'œuvre pour vous présenter, chers lecteurs, les autres ouvrages de M. Garelli, dont la savante jeunesse française saura reconnaître l'importance et la simplicité.

C. Bonelli.

PREMIÈRE CONFÉRENCE

SOMMAIRE : Nécessité de la connaissance des principes de l'économie rurale pour bien cultiver la terre. — Les machines transformatrices de l'industrie agraire et leur différence avec celles de l'industrie manufacturière ou mécanique. — Conditions de leur existence et de leur fonctionnement.

Dans l'exercice de toute industrie le prix de vente d'un objet est basé sur le prix de revient, c'est-à-dire sur le coût de la production ou de la fabrication du dit objet. La différence entre ce que l'on en reçoit et ce que l'on a dépensé représente le bénéfice net. Si vous offrez à un fabricant de tissus, pour l'acquisition d'une étoffe, un prix inférieur à celui qui vous a été demandé, il vous répondra d'habitude « Cela me coûte davantage ». Or, s'il vous arrive, par exemple, d'offrir à un agriculteur vingt-deux francs par hectolitre d'un blé qui en vaut vingt-quatre, la réponse négative qu'il vous fera ne sera plus formulée de la même façon que celle du fabricant. Sa séponse sera à peu près celle-ci : « A ce prix, je ne puis vous le donner ».

Dans ces paroles vous ne verrez indiquée que bien indirectement la connaissance du prix de revient de la denrée. Pourquoi cette différence d'expression ?

L'agriculteur qui cultive les plantes pour en obtenir des fleurs et des fruits n'est pas moins industriel que le fabricant qui, avec de la laine, du coton et du lin, produit des étoffes diverses. Seulement, celui-ci, en établissant le prix de vente de ses marchandises, tient compte des dépenses faites et veut avant tout réaliser ; tandis que l'agriculteur, lui, ignore le prix de revient de ses denrées, malgré qu'il ait arrosé de sa sueur la terre qui les a produites. Il vit, comme l'on l'on dit, au jour le jour, paisiblement et simplement.

Il sème et récolte au temps voulu : il ne pense pas à ce que lui ont coûté la semence, le fumier, les engrais, le matériel, etc. Il ne calcule point le temps employé aux travaux de toute sorte : labours, façons, récolte des produits. Il ne se rend pas compte de la part qui revient, dans les dépenses, au loyer de la ferme, ou bien aux intérêts de la valeur de la propriété et les capitaux engagés. L'agriculteur ne tient pas, comme l'industriel, des comptes exacts et minutieux pour tous les frais qu'entraine l'exercice de son industrie.

Il ne descend pas, — son instruction encore bien négligée ne le lui permettrait pas — jusqu'à cet examen analytique. Demandez-lui combien coûte l'entretien de telle surface de terre, il vous répondra *grosso-modo*, comprenant en un seul chiffre, une série de dépenses dont il ne saurait donner le détail.

Habitué exclusivement, dès son enfance, aux travaux manuels, il sait faire travailler ses muscles et non pas son cerveau. Il est cultivateur et il ne pense pas pouvoir ou devoir être autre chose. Et pourtant la nature même de l'art qu'il exerce, faisant de lui un cultivateur et un industriel, en fait aussi presque un banquier de la terre et de ses produits. C'est pour cela que les éléments de la partie économique de l'art rural lui sont nécessaires ; il en a besoin soit pour le choix des cultures qui conviennent le mieux à tel terrain et à tel climat, soit aussi pour la connaissance des produits qui sont généralement le plus demandés sur le marché, soit enfin pour calculer les dépenses de son travail.

Combien est préjudiciable à la classe si intéressante des travailleurs l'ignorance des règles qui doivent la guider dans l'exercice de son art. Il n'est pas nécessaire que j'insiste sur ce sujet.

Formuler ces règles générales, exposer les principes fondamentaux de l'économie rurale, voilà le programme des quelques leçons qui nous restent à donner, avant la clôture de ces conférences.

Le chemin que nous devons parcourir ensemble, est encore bien long et bien pénible : dans beaucoup d'endroits il y aura peut-être nécessité absolue de nous arrêter plus que nous le voudrions.

Ainsi limité par le temps et par la nature complexe des matières dont je devrais parler, j'estime que le meilleur parti à prendre c'est de choisir, entre tous les sujets, celui qui me paraît le plus intéressant, quoique le plus long. Mon choix est fait. Je vous parlerai plus particulièrement de ce qui concerne notre agriculture. Nous verrons ainsi ce qu'il convient de faire pour la relever et pour améliorer sa situation.

Si mon intelligence pouvait s'accroître en raison de la bonne volonté dont je suis animé, non seulement je réussirais à vous dire des choses utiles au point de vue pratique, mais je les dirais de façon à raviver toujours davantage en vous l'amour de ces études, qui, pour le bien de l'Italie devrait, être plus généralement propagé et encouragé.

Je veux avant tout vous démontrer que si l'agriculture est une science et un art, elle est aussi une industrie. C'est la première et la plus importante des industries exercées par l'homme, parmi lesquelles elle se distingue tout particulièrement. De cette première démonstration vous verrez ressortir déjà des conséquences utiles au point de vue pratique.

Comme science, l'agriculture tire profit de la physique, de la chimie, de l'histoire naturelle, de la mécanique, etc.. Elle donne les principes scientifiques et techniques de la culture de la terre. Considérée sous ce rapport, elle est appelée *Agronomie* L'application pratique des principes admis par la science agronomique constitue l'art de l'*Agriculture*. Celle-ci vise au but économique d'obtenir de la terre, en peu de temps et avec peu de dépenses, le plus grand et le meilleur produit possible. Or, ce but, on l'atteint par diverses voies, c'est-à-dire en mettant en pratique les moyens appropriés aux différentes conditions locales. Cette coordination des moyens techniques, au but économique forme l'objet de l'économie rurale.

En résumé, les produits de la terre s'obtiennent en la travaillant et en employant des capitaux pour l'acquisition de machines, de bestiaux, de semences,de fumier. L'agriculture est donc une industrie, puisque, comme tous les arts industriels, *elle produit, au moyen de travaux et de capitaux, des choses utiles et agréables.*

Elle est plus que sœur, elle est mère de diverses autres industries, puisqu'elle leur fournit une grande partie des matières premières : laine, coton, soie, substances huileuses, colorantes, etc,. Elle est entre toutes la plus importante puisque tandis que les autres nous procurent l'aisance et le bien-être de la vie sociale, elle nous fournit ce qui nous est absolument indispensable : la nourriture.

L'Agriculture commença à être la première industrie humaine, le jour où l'on découvrit l'art de faire paître les troupeaux et d'ensemencer les champs.

Dans toutes les industries,la transformation des matières premières en produits utiles à l'homme s'obtient au moyen de machines qu'une force quelconque anime. L'agriculture considérée comme art industriel, a, elle aussi, ses machines transformatrices, ses matières premières, ses forces motrices, ses outils ; et pour se pourvoir de tout cela, elle n'a pas besoin de grands capitaux.

Certains économistes ont prétendu que la machine transformatrice de l'industrie agraire était la terre, laquelle remplissait, d'après eux, les fonctions même des machines dans l'industrie manufacturière. C'est une erreur. La terre sert de demeure et de soutien à la plante, mais elle ne produit rien d'elle-même. La terre est un dépôt, un magasin où l'on recueille les matières qui doivent servir ensuite de nourriture à la plante ; ou, si vous aimez mieux, elle est un laboratoire où les matières qu'elle contient naturellement, ou qui lui sont fournies par le fumier, se rendent aptes à la nourriture de la plante, sous l'action de l'air, de l'eau et de la chaleur. La terre ne modifie, ni ne transforme rien dans l'organisme de la plante, à laquelle, par la voie des racines, elle transmet la nourriture. Les vraies machines productrices de substances utiles à l'homme, ce sont les plantes qui transforment en feuilles, en fleurs, en fruits, en bois, les matières nutritives qui leur sont fournies par la terre et l'air, de la même manière que certains animaux sont des machines vivantes transformant en chair, en lait, en laine, etc, le foin et l'herbe qui les nourrit. Ce qui précède fait comprendre pourquoi l'agriculture est définie, par certains auteurs, l'art de cultiver la terre ; — par d'autres, l'art de cultiver les plantes ; — par plusieurs, associant les deux idées de terre et de plantes, l'art de faire produire la terre par la culture des plantes.

On voit ici apparaitre une différence entre l'industrie manufacturiere et l'industrie agraire. La première, avec quelques machines simples, dirigées par l'homme et mises en mouvement par lui-même, par des animaux, par l'eau ou par la vapeur, transforme une matière première en un produit utile. Au contraire, dans l'industrie agraire, il y a autant de machines transformatrices qu'il y a de plantes cultivées : machines toutes identiques, si vous voulez, dans l'ensemble des parties qui les constituent, puisqu'elles ont toutes des racines, des tiges, des feuilles, des fleurs et des fruits, — mais très différentes dans leur développement, dans la manière dont elles doivent être traitées, selon la nature et la qualité du produit qu'on leur demande.

Observez en effet, en ce qui concerne l'alimentation humaine qu'aucun des produits végétaux, aussi bon qu'il soit en lui-même, ne suffit pas pour former à lui seul une alimentation complète. La vigueur de l'esprit et du corps disparaîtrait bien vite chez l'homme que l'on condamnerait à ne se nourrir que d'une seule et même substance végétale. Sa vie s'éteindrait en peu de temps. Imaginez un homme qui ne pourrait se nourrir que de farine, de maïs, de riz, ou de pommes de terre : il devrait manger, à peu près, deux kilogrammes de polente par jour, ou deux kilogrammes et demi de riz, ou sept kilogrammes et demi de pommes de terre !

Voilà pourquoi l'agriculture tend à produire la plus grande variété possible de plantes alimentaires. Les unes, sont cultivées pour leurs fruits : céréales, arbres fruitiers ; — les autres, pour leurs racines : carottes, raves, radis et betteraves ; — d'autres, pour leurs tubercules : pommes de terre ; — quelques-unes, pour le bulbe : ail, oignon, etc ; — une autre, pour la fleur : choufleur ; — d'autres encore pour les feuilles : choux, cardes, etc.

Et pourtant cette variété dans la culture ne suffit pas pour satisfaire aux besoins de l'homme. Tous ces produits végétaux, melés ensemble, sont encore insuffisants pour former une ration alimentaire vraiment utile. On pourrait écrire un gros vulume sur la seule composition de cette ration. Ainsi l'homme le plus sobre associe aux aliments végétaux les aliments animaux, qui sous un volume bien moindre, renferment une plus forte dose de substances nutritives. Le berger et le montagnard trempent dans le lait le pain de seigle si peu nourissant. Il faut donc pour former une ration journalière suffisante à l'alimentation humaine, associer les produits végétaux aux produits animaux, c'est-à-dire les légumes à la viande.

L'agriculture doit donc non-seulement fournir la nourriture à l'homme, mais aussi aux animaux dont il se nourrit ou par lesquels il se fait servir. Ajoutez maintenant à la série des plantes cultivées le nombre infini des herbes qui peuplent les prairies et les pâturages ; — ajoutez encore les herbes médicinales, etc. — et vous verrez que l'agriculture est la grande productrice des substances qui nourrissent l'homme et les animaux. En d'autres termes, elle produit les plantes cultivées et les animaux domestiques, car en fournissant à ces derniers la nourriture, elle modifie leur organisme selon qu'elle veut avoir de la viande, du lait ou de la force motrice. Ce n'est pas tout, l'homme exige davantage de l'agriculture. Réunissez le nombre des plantes textiles : coton, lin, etc ; — ajoutez-y les plantes oléifères : olives, noix, ricin, etc ; — celles enfin qui servent à bien d'industries, sans compter les plantes médicinales, — et vous verrez que non-seulement l'agriculture fournit à l'homme la nourriture de tous les jours, mais encore le bien-être et le luxe.

Concluons. L'agriculture, considérée comme art industriel, possède un grand nombre de machines transformatrices, lesquelles peuvent se diviser en deux grandes catégories : la première, celle des plantes alimentaires pour l'homme et pour les animaux ; — la seconde, celle des plantes industrielles : textiles, colorantes, et oléifères.

Ces machines diffèrent beaucoup de celles de l'industrie manufacturière et par le nombre et par caractère. En effet, celles-ci, purement mécaniques, restent, pendant toute la durée de leur fonctionnement, telles que le constructeur les livre, et elles se conservent d'autant plus que leur exécution a été soignée ; tandis que les machines agraires étant organiques et vivantes, doivent forcément progresser par étapes et se modifier sensiblement jusqu'à ce qu'elles soient arrivées à leur développement complet.

La machine agraire est d'abord une semence ; en germant, elle se déploie en une petite plante, laquelle, par les racines et par les feuilles qui se nourrissent de la terre et de l'air, croît, fleurit, fructifie, et, après un an ou deux tout au plus, cesse de vivre. Généralement elle passe par toutes ces phases dans l'endroit même où elle a pris naissance. Quelquefois elle est transplantée ; mais, dans tous les cas la machine-plante est fille de l'industrie, qui a pour but de tirer parti de son œuvre.

De la comparaison qui précède, il ressort clairement que si l'industriel doit connaître ses machines pour pouvoir s'en servir, l'agriculteur doit faire une étude approfondie des siennes, qui sont beaucoup plus compliquées Il doit surtout s'appliquer à en examiner la structure, à en rechercher le mode de développement ; en un mot, il doit en étudier la vie. Remarquez en outre cette autre différence. Les machines de l'industrie mécanique travaillent dans des endroits fermés, entre les murs d'un atelier, où on leur procure la force nécessaire pour leur mise en mouvement, tout en les plaçant dans des conditions favorables à la somme de travail qu'on veut leur faire produire. Par contre, les machines végétales travaillent à ciel ouvert ; elles ont besoin d'air, de lumière, de chaleur et d'humidité.

Mais toutes les plantes n'ont pas un besoin égal d'air et d'humidité, et ne demandent pas de la même façon le concours des agents impondérables. Vous n'ignorez pas, en effet, que quelques-unes veulent beaucoup de lumière et de chaleur ; telles sont la vigne et les arbres fruitiers pour lesquels on recherche des positions ensoleillées. Au contraire, d'autres plantes préfèrent les endroits frais et humides, comme les herbes des prairies. Celles qui craignent les vents froids du nord et les rigueurs de la saison hivernale comme l'olivier, l'oranger et le citronnier, se trouvent bien au bord de la mer et sous les climats méridionaux. Il y en a aussi qui, bravant les intempéries du ciel, ornent les lieux élevés et les cimes des monts ; par exemple le chêne, le hêtre, le mélèze et le bouleau.

En somme la nature a assigné à chaque espèce végétale un climat propre ; elle lui a fixé des régions hors desquelles elle mourrait, ou pour le moins ne donnerait pas un produit économique sans le secours de l'art. De là, la nécessité pour le cultivateur d'étudier les besoins des plantes par rapport au climat, afin de pouvoir adopter celles-là plutôt que celles-ci.

N'ayant pas le pouvoir de changer ou même de modifier le climat, l'agriculteur peut conduire les eaux aux terrains qui en demandent le plus, les détourner de ceux qui en ont de trop et préserver ses terres contre la violence de ces mêmes eaux. Il peut rendre le terrain plus apte à absorber les rayons solaires et à conserver le plus longtemps possible, pendant l'hiver, la chaleur qu'il en a reçue. Il peut, en un mot, changer la face du sol, improviser, comme sur les terres de l'isthme de Suez, la fertilité dans le désert, — mais il ne lui est pas donné de commander au *Grand ministre de la nature*, ni d'avoir le moindre empire sur les météores des climats.

DEUXIÈME CONFÉRENCE

SOMMAIRE : Caractères différents de l'industrie agraire à l'égard des matières premières ; des instruments mécaniques ; des forces motrices et des capitaux. — De la nécessité d'instruire le cultivateur. — L'agriculture considérée au point de vue moral.

En considérant dans notre précédente conférence l'Agriculture comme un art industriel, nous avons remarqué que ses machines transformatrices sont représentées par un nombre infini de plantes, qui sont cultivées pour pourvoir aux besoins de l'homme. Recherchant ensuite le caractère particulier qui distingue ces machines des autres, nous avons vu que les plantes sont des machines vivantes qui se développent graduellement, en commençant par la semence d'où elles sortent jusqu'au fruit où elles finissent.

Nous avons constaté que, malgré une certaine ressemblance dans leur forme générale, les machines-plantes diffèrent entre elles par leur mode de développement, selon la nature du produit qui est le but de leur culture. Nous n'avons pas oublié de voir qu'elles travaillent à ciel ouvert, sous l'influence favorable ou nuisible de l'air, de la chaleur, du froid, de la sécheresse et de l'humidité.

De toutes ces observations il était facile de conclure que l'étude des machines de l'industrie agraire était plus importante et plus compliquée que celle des machines industrielles.

Poursuivons maintenant l'examen des moyens qu'emploie l'industrie agraire pour arriver à son but économique. Si en agriculture ce sont les plantes qui remplissent l'office de machines, quelles seront les matières premières ou les substances brutes qu'elles devront transformer en produits utiles? Ce sont, vous le comprenez parfaitement, les diverses matières qu'elles reçoivent de la terre, de l'atmosphère et des engrais, sous forme d'eau, d'air, de gaz, de vapeur et de sels.

En effet, qu'est-ce que la plante dans son état primordial? Un simple grain de semence qui se développe en racines, en feuilles, et plus tard en fleurs et en fruits, au fur et à mesure qu'il reçoit la nourriture de la terre et de l'air au milieu desquels il vit. Or, de la même manière que le chanvre, le coton, la soie, la laine, les chiffons, l'argile, le fer, en entrant dans un atelier, se changent, par le moyen des machines en tissus, en papier, en clous, en fil, pour mille usages divers. L'eau, l'air, les substances salines, en pénétrant par les racines et par les feuilles dans l'organisme des plantes se modifient au point de se transformer en fruits, en tubercules, en bois, en feuilles, en toutes ces sortes de produits en un mot que la culture des végétaux nous donne.

Donc, en considérant la plante comme machine transformatrice, ses aliments sont les matières premières de son travail. Maintenant, Messieurs, veuillez prêter votre attention aux réflexions suivantes :

S'il y a des différences dans la structure des feuilles, des fleurs, ainsi que du tubercule, du grain et du fruit, il y a des différences aussi dans la qualité et dans la quantité des substances qui concourent à former les diverses parties de la plante.

Si vous recherchez les matières dont sont composés la tige et l'épi du blé, vous trouverez que, en plus de l'hydrogène, de l'oxygène et du carbone, les grains contiennent spécialement de l'azote, du phosphore et de la potasse ; les tiges contiennent de la silice, de la chaux, ainsi que de la potasse.

La composition d'une plante varie aussi dans les phases successives de son développement. Vous ferez germer toute plante et vous en obtiendrez la première végétation en déposant simplement la semence dans du sable humide ; l'air et l'eau provoquent le développement herbacé d'un végétal. Mais vous n'obtiendrez ni fleurs, ni fruits, parce que pour leur formation d'autres substances sont indispensables, notamment des minéraux que le sable ne contient pas.

La nature a donné à chaque plante cultivée une structure différente ; l'art l'a encore variée en raison des produits qu'il veut en tirer. A ces différences de structures correspondent des compositions diverses, et de là, un besoin d'aliments différents par la qualité et par la quantité. Vous vous convaincrez facilement de cette vérité en soumettant à l'analyse chimique, les cendres de diverses plantes et des parties différentes d'une même plante. Vous trouverez, en outre, des matières organiques formées d'oxygène, d'hydrogène, de carbone et d'azote déjà volatilisées par la combustion. Enfin, pour former l'ossature des plantes, vous rencontrerez le silex, le soufre, le phosphore, le chlore, la potasse, la soude, la chaux, la magnésie, l'alumine, le fer et le manganèse.

Dans les analyses comparatives vous verrez, par exemple, la prépondérance du silex et du phosphate dans les plantes-céréales, et de la chaux dans les plantes-légumineuses.

Me voici maintenant arrivé aux conclusions de ces réflexions. Ces diverses plantes et ces diverses parties d'une même plante, d'où ont-elles tiré ces corps qui les composent? Évidemment de la terre, moins l'infinie partie de substance continue dans leur semence.

Ces matières sont entrées dans l'organisme végétal extrêmement divisées, détrempées et dissoutes dans la lymphe, qui est pour les végétaux, ce que le sang est pour les animaux.

Or, comme l'agriculteur demande à certaine plante, les feuilles, à une autre la fleur, à celle-ci, le fruit, à celle-là, la racine, il est nécessaire que le terrain où il cultive ces plantes, contienne en plus grande partie les substances les plus propres a la formation du produit qu'il recherche.

De là, il s'ensuit naturellement que tous les terrains ne sont pas bons pour toutes sortes de cultures, que toutes les matières constitutives d'un terrain ne concourent pas pour une part égale à la vie et au développement des diverses espèces de végétaux cultivés. Il résulte enfin que tous les engrais ne peuvent pas conserver ni rendre à la terre ses vertus productives.

L'agriculteur ne peut donc établir un bon système de culture sans avoir, au préalable, étudié soigneusement la composition, la nature et la propriété de ses terres. En comparant l'industrie agraire à l'industrie manufacturière, vous remarquerez encore cette différence, qu'à la multiplicité des machines de l'art rural correspond une variété de matières premières supérieure à celles des matières qu'utilisent les arts mécaniques.

Cette différence serait plus évidente encore pour celui qui, recherchant les diverses modifications que les substances alimentaires des plantes subissent dans la terre pour devenir assimiliables, ferait l'analyse de ce merveilleux travail grâce auquel les matières alimentaires se transforment en substances propres à la plante

L'agriculture diffère encore des arts industriels autant par la variété des machines transformatrices et des matières premières que par la diversité des instruments mécaniques et des forces motrices. En effet, pensez à la série de travaux nécessaires pour la préparation du terrain, pour la culture des plantes, l'élevage des animaux, pour la récolte, la conservation et le transport des produits ; vous verrez alors défiler devant vous une nombreuse suite d'instruments, de formes et de dimensions différentes, dont le travail varie autant que la force qu'on leur applique.

L'enfant, la femme et l'homme font travailler la houe, le sarcloir, la serpette, la pioche, la bêche, la faux et la pique.

La force des animaux est appliquée aux charrues, semoirs, herses, rouleaux, faucheuses et moissonneuses. Celles plus puissantes et plus infatigables de l'eau et de la vapeur mettent en jeu les moulins, les batteuses et tous les grands instruments de l'intérieur des fermes.

Chaque force trouvant son application propre et convenable, le principe si fécond de la division du travail se trouve ainsi mis en pratique. Ce principe, disons-le tout de suite, pourrait être pour l'industrie agraire bien autrement fécond en résultats, s'il était plus généralement propagé et plus rationnellement appliqué, comme cela a lieu dans l'industrie manufacturière, qui en retire des bénéfices immenses.

En parlant des forces motrices, je dois ajouter que l'industrie agraire associe particulièrement à ses propres forces celles plus ou moins gratuites de la nature. Pour rendre plus efficace le travail de l'homme, des animaux et de l'eau, elle appelle à son aide l'action bienfaisante de l'air, de la chaleur, de la lumière, de la rosée, de la pluie et de la neige. L'agriculteur laboure la terre avec le soc de la charrue ; il retourne et brise les mottes ; il laisse ensuite à l'air, à la chaleur, à la gelée le soin de la triturer plus minutieusement. Lorsque le terrain est ainsi préparé, il y dépose la semence qui, sous l'action simultanée de la chaleur, de l'air et de l'humidité, doit bien vite germer.

Il remue la terre tout autour des plantes en y faisant de fréquents sarclages ; il la ramène à leur pied pour leur conserver la fraîcheur et faciliter la circulation de l'air. Enfin, pour rendre plus efficace l'influence des agents naturels, il choisit les cultures propres aux terrains et aux climats de chaque région, — n'ignorant pas que l'art, pour atteindre son but, doit se faire le serviteur de la nature.

Les moyens d'action de la production rurale et industrielle, considérés comme valeur, sont désignés généralement par le mot de *capitaux*. Les capitaux industriels se distinguent en deux catégories : *Capitaux fixes*, tels que : Edifices, machines, etc, — et *capitaux roulants*, tels que : matières premières, main d'œuvre, etc.

La base de cette distinction est le caractère particulier des capitaux même. Quelques-uns sont immobiles et inaltérables au moins pour un certain temps, et sont d'autant plus utiles qu'ils conservent plus longtemps leur forme propre et leur manière d'opérer. D'autres, au contraire, sont variables ; ils rapportent d'autant plus que leur transformation est plus rapide.

On peut faire la même distinction pour les capitaux de l'industrie rurale, en comprenant dans les *capitaux fixes* — autrement dits fonds de réserve — tous les instruments mécaniques, c'est-à-dire le *mobilier agricole*, les animaux travailleurs et ceux qui donnent du lait, de la laine et de la viande, en les considérant presque comme des machines productives.

La catégorie des capitaux *roulants* comprend les frais de semences, d'engrais, de main-d'œuvre, la nourriture des personnes et des animaux, ainsi que les impôts et les frais de direction et d'administration des exploitations rurales.

Dans l'industrie rurale, tous les capitaux, fixes et roulants, sont subordonnés à un premier capital absolument nécessaire. Je veux parler du terrain, c'est-à-dire, du *capital foncier*, constitué par le fonds brut et par les œuvres primordiales et durables, telles que bâtisses, routes, plantations, canaux d'irrigation, etc, destinées à rendre la terre productive et apte à recevoir utilement l'application des capitaux fixes et roulants,

De l'énumération faite des capitaux de l'industrie agraire, nous tirons cette conséquence que, outre la différence caractéristique des catégories, ils sont plus variables dans leurs applications que ceux des autres industries. En effet, les capitaux agraires ne sont pas employés seulement à la production directe des matières alimentaires et industrielles, mais aussi, à travailler certains produits qui sont déjà le fruit de capitaux appliqués à la culture de la terre.

La transformation de l'herbe et du foin en lait, en beurre, en fromage ; la fabrication du vin ; celles de l'alcool et de la fécule tirés de la pomme de terre ; du sucre extrait de la betterave ; la transformation en soie de la feuille du mûrier, nous représentent autant d'industries secondaires ou dérivées de l'industrie agraire proprement dite.

Ces industries séparées, quelquefois réunies en certain nombre dans une même ferme, réclament pour leur exercice, une bonne partie des capitaux ruraux.

Maintenant, s'il vous plaît de considérer les capitaux de l'industrie mécanique et rurale au point de vue générique, vous découvrirez une différence notable dans leur circulation et dans les conditions qui accompagnent celle-ci.

Les capitaux de l'industrie manufacturière ont une circulation rapide parce que le travail de production, qui est continu et exécuté presque entièrement par des machines, prend très peu de temps.

Les capitaux ruraux ont une circulation plus lente parce que la production dépend, non seulement du travail humain, mais encore de celui des forces naturelles, que le cultivateur ne peut ni dominer, ni diriger à sa volonté, comme l'industriel dirige l'eau et le feu dans son atelier. Quelquefois même cette production ne s'obtient qu'après avoir, pendant une ou deux saison d'avance et même pendant des années, enfouis dans la terre les capitaux qui doivent l'améliorer et la rendre fertile.

Ainsi, par exemple, les capitaux que l'on dépense pour défricher les terres incultes, pour dessécher les terrains humides, pour arroser ceux qui sont secs, représentent des avances faites à la terre et que celle-ci ne peut rendre que tardivement.

Le capital roulant lui-même, employé en semences, en engrais, en travaux, etc., ne rentre qu'à la fin de l'année.

A la vitesse de production, à la mobilité des capitaux industriels, correspondent des bénéfices proportionnellement plus élevés que ceux produits par les capitaux ruraux, dont la circulation et le mouvement sont plus lents. Il est bon, pourtant, de remarquer que les capitaux appliqués aux industries mécaniques pouvant courir de graves risques à cause des crises économiques, des changement de modes, etc., leur placement n'offre pas d'aussi solides garanties que celui des capitaux ruraux. Ceux-ci ne subissent que par ricochet, et bien légèrement, les conséquences de certaines crises et n'obéissent aux caprices d'aucune déesse volage ; ils sont plus assurés.

Il y a bien les injures atmosphériques desquelles on ne peut les préserver ; mais celles-ci ne frappent pas toujours une région entière et les campagnards ont là-dessus un proverbe d'une incontestable justesse : *Grêle, n'est pas disette.* La terre fournit une telle variété de produits que bien souvent ce qui est nuisible aux uns est favorable aux autres. Ainsi, par exemple, un printemps pluvieux, mauvais pour les blés, serait propice aux fourrages. (*Mois de mai jardinier, peu de blé, grand paillé*)

Un bon cultivateur *chasse la mauvaise année* en employant ses capitaux disponibles à l'achat de bestiaux qui l'indemnisent en tout ou en partie du préjudice que lui a causé une mauvaise récolte.

Les capitaux trouvent donc plus de sûreté et plus de garanties dans l'industrie rurale que dans l'industrie manufacturière et ce surplus de garantie est, pour la première, une large compensation aux bénéfices moindres qu'elle en retire.

L'agriculture, enfin, a, comme les autres industries, besoin du capital de l'intelligence humaine pour diriger l'application des autres capitaux et leur faire produire le plus possible. Or donc, s'il est incontestable que pour exercer un art quelconque il est nécessaire d'en posséder les connaissances techniques, qui oserait nier cette même nécessité pour l'agriculture ? Par la multiplicité des machines et des matières premières qu'elle emploie, par la variété des capitaux qu'elle fait valoir, par les besoins infinis qu'elle satisfait, l'agriculture est incontestablement la plus importante et la plus compliquée de toutes les industries.

Voilà, Messieurs, tracés à grands traits les différents caractères de l'agriculture considérée comme art industriel. Mais en parlant à des instituteurs, à des précepteurs du peuple, on doit encore envisager l'agriculture sous son aspect moral. De tous temps et chez tous les peuples, elle a été placée au premier rang et considérée comme l'art le plus agréable.

Cicéron proclama la vie rustique *parsimoniæ diligentiæ iustitiæ magistra*, — et sur l'exercice de cette même vie rustique, il a dit ceci : *Nihil melius, nihil uberius, nihil dulcius, nihil libero, homine dignius.*

Horace a écrit, sur ce sujet, ces vers mémorables :

« Beatus ille qui procul negotiis
« (Ut prisca gens mortalium)
« Paterna rura bobus exercet suis
« Solutus omni fœnore....

Et Virgile chantait dans ses *Georgiques* :

« O fortunatos nimium, sua si bona norint
« Agricolas !

Tel est le jugement et l'avis des anciens.

Notre époque, qui se distingue par des industries florissantes, par l'aisance acquise, par les progrès de la civilisation, doit confirmer cet avis et ce jugement, comme ils seront confirmés par la postérité, parce qu'ils renferment une vérité profonde attachée aux destinées humaines.

Le cultivateur ne réalise pas promptement ses bénéfices, il n'accumule pas, comme les autres industriels, des richesses apparentes, mais il sait créer autour de lui l'aisance et le bien-être par un travail éminemment salutaire et moralisateur.

Quelle différence entre le champ, auquel le ciel sert de plafond, et l'atelier étroit où l'air et la lumière, si nécessaires à l'homme, pénètrent si peu !

Le travail que l'on exécute en plein soleil et en présence de la nature vivante non-seulement rétablit et retrempe les forces du corps, mais il soulève l'âme et ranime en elle les vertus les plus fermes.

L'honnêteté des mœurs, l'assiduité au travail, la résignation dans la pauvreté, l'amour de la famille, la force dans l'adversité, le respect des lois, la soumission aux charges des impôts et aux obligations de la loi de recrutement, sont autant de vertus propres aux habitants de la campagne et rares chez l'habitant de la ville. Cependant la ville apparaît à la plus grande partie de montagnards comme un *Eldorado*, où, en travaillant on gagne beaucoup d'argent et où l'on mène la vie allègre et sans soucis aucuns. De là, cet aveuglement qui les pousse à se faire ouvriers, attirés qu'ils sont par l'idée du lucre et par la convoitise des plaisirs si nombreux de la vie des villes.

Détrompez ces pauvres illusionnés ! Dites-leur que dans l'étouffement des villes et dans le travail monotone d'un atelier, ils trouveront un pain plus dur que celui que peut leur procurer la terre cultivée avec intelligence et avec amour.

Dites-leur que dans les villes, le salaire est quelquefois insuffisant pour subvenir aux frais du logement et de la nourriture, et qu'il y a le chômage et les jours de fêtes auxquels il faut penser.

Dites-leur qu'au fond de la coupe des plaisirs qu'ils rêvent, il y a l'amertume, la misère et le poison de la vie !

Encore quelques paroles. Pourquoi le grand propriétaire ne dirige-t-il pas lui même ses domaines et ses fermes ; ou au moins, pourquoi n'acquiert-il pas les connaissances nécessaires pour en surveiller la direction qu'il confie à d'autres ?

Pourquoi les petits propriétaires acheminent-ils leurs fils vers les professions libérales en les leur faisant croire plus lucratives et plus honorables ? Pourquoi ont-ils si peu de considération pour leur propre industrie ?

Aux désœuvrés, aux oisifs, aux hommes fatigués par la vie tumultueuse des villes, je voudrais qu'un pinceau distingué montrât la vie champêtre et ses beautés ; la vie champêtre qui raffermit la santé affaiblie, qui fait du travail un désir et un besoin, qui redonne à l'âme tourmentée par les passions et harassée par la souffrance la sérénité et la paix. Je voudrais voir les nobles et les riches suivre l'exemple louable de l'aristocratie anglaise, pour leur avantage et pour le bien général.

Enfin à ceux auxquels prend l'envie de quitter la pioche pour la lancette, l'habit grossier pour la toge doctorale, ou les *Secrets de D. Rebo* pour un bréviaire, je voudrais leur dire qu'à notre époque les personnes et les classes sociales sont estimées, non pas en raison de leurs emplois, mais en raison de leurs propres mérites.

Ainsi, les classes agricoles sont d'autant plus respectées et puissantes qu'elles sont riches en argent et en savoir. Quand elles sont misérables et ignorantes, elles n'ont ni crédits ni poids dans la nation.

Je dirais encore à ces futurs postulants, qu'en employant leurs capacités à l'étude de l'agriculture, science non moins difficile à acquérir que la médecine, la jurisprudence, la théologie ou les mathématiques, ils feraient une œuvre profitable à eux-mêmes et à leur pays, — qui a déjà trop de lauréats et pas assez d'industriels capables et d'agriculteurs distingués.

TROISIÈME CONFÉRENCE

Sommaire : Rapport entre la production rurale et les
capitaux qu'on y applique. — La terre vaut ce que
l'homme sait la faire valoir. — Conséquences funestes du
manque des capitaux avancés aux terrains et du détour-
nement des capitaux de l'industrie agraire. — Emploi
des petites économies à la fertilisation des terrains. —
De l'avantage qu'il y a à concentrer les capitaux sur les
meilleurs terrains, et à améliorer les terrains que l'on
possède avant d'en acquérir d'autres.

L'agriculteur, comme tout autre industriel, règle
ses opérations d'après ce qu'elles peuvent lui
rapporter. Il confie les capitaux aux terrains pour
que ceux-ci les lui rendent avec bénéfices. Il sème
pour récolter plus qu'il n'a semé. Pour atteindre
ce but, il a soin de choisir les cultures les plus
appropriées aux terrains et au climat pour en
obtenir les produits les plus recherchés sur le
marché de la région et correspondant le mieux aux
moyens dont il dispose.

Il ne suffit pas pourtant que la science vienne
indiquer à l'industrie agraire les terrains les plus
propres à certaines cultures. Il ne suffit pas que
l'art applique à ces mêmes terrains les règles

prescrites par la science. L'industrie agraire doit encore se baser sur des principes qui ne sont point d'un ordre scientifique ou technique et concilier son œuvre avec les besoins sociaux. Elle doit coordonner ses moyens techniques au but économique, qui est d'obtenir, en peu de temps, et avec une dépense relativement minime, la plus grande quantité possible de produits les plus utiles.

Examinons donc quelles sont les conditions les plus avantageuses pour l'application des capitaux aux terres. Pour que les capitaux confiés aux terrains reviennent aux cultivateurs avec des bénéfices certains. il est avant tout nécessaire que leur quantité soit en rapport convenable avec l'étendue et la nature des terres que l'on veut cultiver.

Il n'en est pas autrement pour toute autre entreprise ou industrie. Il faut pour celle-ci, comme pour l'agriculture, que les moyens correspondent au but. Ce principe est démontré tous les jours par les résultats économiques d'une exploitation agricole quelconque.

On voit quelquefois deux terrains contigus et placés dans des conditions naturelles identiques, donner des produits bien différents par la qualité et par la quantité.

Il n'est pas rare de voir un agriculteur s'enrichir sur un terrain où un autre s'était ruiné ; il n'est pas rare non plus de voir tel exploitant faire de mauvaises affaires là où tel autre avait fait fortune. La raison de ces anomalies apparentes consiste en ceci : que la terre produit d'autant plus qu'elle est mieux aidée par les capitaux qu'on lui administre sous des formes variées.

L'histoire de l'agriculture démontre clairement la vérité de ce principe fondamental. Les forêts, les pâturages et les fruits spontanés de la terre suffirent à l'homme tant qu'il fut chasseur, berger et nomade en ce monde. Mais quand il commença à se fixer, à se créer un domicile, il sentit la nécessité d'obliger la terre à lui fournir une plus grande quantité de produits. Il déclara la guerre à la production spontanée pour lui substituer une végétation plus abondante et plus utile.

Impuissant à créer le plus petit brin d'herbe, il apprivoisa les plantes, comme il avait apprivoisé les animaux. Ayant vu que les graines reproduisaient les plantes-mères, il commença à jeter aux terres labourées sommairement la semence des plantes qui devaient lui servir de nourriture. En associant ainsi son œuvre à celle des forces naturelles, en appliquant le capital de son propre travail à la terre, l'homme en prenait alors réellement possession.

Avec l'accroissement de la famille humaine et par suite l'amoindrissement de la place assignée à chaque individu, les besoins auxquels la terre devait pourvoir furent augmentés. L'homme s'aperçut alors que le travail de ses propres bras était insuffisant et il y ajouta celui des animaux, C'est pourquoi à la culture des céréales destinées à sa propre alimentation vint se joindre celle des fourrages.

L'adjonction de l'industrie pastorale à l'agriculture augmenta la masse des capitaux appliqués à la terre et représentés par les bestiaux, les bâtisses, les ustensiles et les travaux. Dès lors, les produits ruraux se firent plus nombreux et plus variés, par ce que les animaux avec la charrue labouraient la terre plus profondément et qu'ils la fertilisaient avec leur fumier.

A la culture des céréales s'ajouta bien vite celle des plantes industrielles et l'on parvint ainsi peu à peu à la culture appelée *intensive*, parce qu'elle avait pour but d'obtenir en peu de temps la plus grande quantité possible de produits au moyen des capitaux.

Une hectare de pâturages naturels suffit à peine à nourrir pendant quatre mois une grande bouverie. Une prairie d'une superficie égale, arrosée et donnant trois coupes, fournit la nourriture d'une année à trois grandes bouveries.

Une superficie de terre d'une lieue carrée, qui produit sans culture à peine de quoi nourrir un homme, peut fournir la nourriture de douze cents, si elle est convenablement cultivée.

Voilà les résultats merveilleux de l'industrie humaine! Eclairée par la science et soutenue par les capitaux, elle surmonte les obstacles et crée la fertilité. Les terres de la Hollande étaient du sable stérile secoué par la mer; les grandes plaines de la Lombardie n'étaient que des marécages et des landes sablonneuses. Quelle puissance apporta sur ces terres la fertilité qui les rend si justement célèbres? C'est l'industrie humaine, messieurs, l'industrie humaine qui fit reculer les eaux des mers germaniques, qui fit couler les eaux stagnantes de la Lombardie sur les sables stériles. Le génie de l'homme apporta la vie où ne régnaient que la désolation et la mort.

Rien n'est donc plus vrai que cet axiome : *la terre produit en raison des capitaux que l'on emploie pour la fertiliser*, c'est-à-dire que *la terre vaut ce que l'homme sait la faire valoir*.

Par rapport aux capitaux on peut la comparer à une machine à vapeur. Celle-ci ne fonctionne qu'après que le feu a transformé l'eau en vapeur, qui en est la force motrice ; elle produit peu au début de son action, mais au fur et à mesure que la pression de la vapeur augmente, son travail compense largement les dépenses qu'elle entraîne.

Pour prendre un exemple plus vulgaire encore, voyez ce qui arrive pour un animal maigre qu'on engraisse. On le nourrit bien pendant quelque temps et arrivé à un certain point, il engraisse à vue d'œil. Il en est de même pour la terre. Elle a la vertu de produire, mais pour que cette vertu se traduise en action, avec une production plus abondante que la production spontanée il faut *augmenter le feu de la machine*, il faut exciter la force productive ; en un mot, il faut faire à la terre une avance convenable de capitaux, qui en assurent la fertilité.

Pourquoi sommes-nous si rétifs à ces avances, tandis que nous les faisons à l'industrie ? Sont-elles par hasard, moins nécessaires ? Non, car vous pouvez voir dans quel état d'infériorité le manque de capitaux laisse nos terres au point de vue de la production.

Beaucoup de gens ne comprennent pas les choses ainsi et accusent la terre d'être bien peu rénumératrice pour les capitaux qu'on lui confie. C'est là une erreur démontrée par les résultats obtenus dans tous les pays où l'agriculture n'est plus un empirisme, mais un art raisonné.

Dominés par cette idée, découragés par les impôts fonciers, les capitalistes détournent leurs capitaux de l'agriculture pour les appliquer à des industries qui leur promettent des bénéfices plus gros. C'est encore là une grave erreur dont les conséquences sont funestes pour les pays où elle a cours ; nous en subissons malheureusement l'épreuve.

Relisez l'histoire économique depuis vingt ans et vous verrez que mon assertion y est confirmée. Il y a vingt ans nous étions riches de tout ce que la nature donne, et pauvres de tout ce que l'art procure. Pendant que les autres peuples progressaient dans les voies de la civilisation, nous étions stationnaires et presque inconscients de ce qui s'accomplissait ailleurs ; et tout cela uniquement parce que nous n'étions pas une nation.

Les jalousies de principes, les barrières douanières, l'octroi et les impôts de toutes sortes, divisaient les provinces de l'Italie. Le Tessin était pour le Piémont un obstacle aussi infranchissable que la chaîne des Alpes. Mais quand après tant de combats, les membres dispersés de la nation furent réunis en un seul corps, nous demandâmes aux arts de la paix la richesse, la prospérité et la force qui sont l'apanage des nations libres et civilisées.

Avides de transformations, quoique encore inexpérimentés, nous n'avons pas toujours su choisir, entre les œuvres utiles et bonnes, celles qui étaient immédiatement nécessaires.

Les travaux merveilleux et variés entrepris pour réveiller l'activité nationale ont visé jusqu'à présent, à l'amélioration des conditions du commerce et de l'industrie et ont été peu favorables au sort de l'agriculture. On ne remarqua pas assez que notre pays était essentiellement agricole. On ne songea pas que nous, qui sommes inférieurs à l'Angleterre et à la Belgique, par rapport à l'industrie, nous les surpassons de beaucoup par l'excellence de notre climat et par la fertilité de notre sol.

D'autre part, la cupidité pour la prompte réalisation des gros bénéfices attira vers la Bourse et vers les entreprises hasardeuses une grande partie des capitaux qui étaient employés auparavant aux modestes spéculations rurales. Mais les périodes de guerre prolongées jointes à l'inexpérience, entraînèrent la faillite de la plupart des sociétés industrielles, fondées après 1848, en causant de graves préjudices publics et privés, et du même coup l'esprit d'association fut étouffé à sa naissance.

Les revirements politiques qui se succédaient si rapidement dans la Péninsule vinrent accroître outre mesure les dépenses de l'État. Pour pourvoir à ces nécessités nous vîmes en peu d'années présenter au Parlement diverses lois établissant de nouveaux impôts sur les biens fonciers et augmentant ceux qui les grevaient déjà.

Ce fut là, à mon avis, une faute déplorable, parce qu'en augmentant les impôts fonciers au moment où l'agriculture était sans confiance, abandonnée par les capitaux, délaissée par les bras de l'homme, frappée par l'atrophie des vers-à-soie et par la cryptogame des vignes, on coupait ainsi les nerfs à la Nation et on poussait le pays à la ruine.

En effet, en peu d'années, un grand nombre de petits propriétaires furent réduits à la misère ; les ventes par voie judiciaire se multiplièrent, les propriétés territoriales furent dépréciées et toute amélioration dans la culture resta négligée.

Heureusement, l'on commence à avoir plus de jugement. On comprend déjà la nécessité d'encourager l'industrie agraire, qui est la base fondamentale de notre richesse nationale ; tous les citoyens qui ont à cœur le bien général travaillent à cette œuvre avec le Gouvernement, les provinces et les communes.

Maintenant que les capitaux commencent à revenir à la terre et que celle-ci acquiert plus de valeur, — comme nous l'a démontré la vente des biens ecclésiastiques, — maintenant, dis-je, l'expérience du passé doit nous servir de leçon pour l'avenir. C'est aujourd'hui qu'est devenue nécessaire plus qne jamais la propagation des maximes de l'Économie rurale, pour permettre d'appliquer dans une juste mesure les capitaux à la fertilisation de la terre et pour que leur application soit plus raisonnée et plus efficace que par le passé.

Laissant de côté maintenant les choses abstraites, et rentrant dans le domaine de la pratique, j'appelle votre attention sur quelques faits économiques qui ont une certaine importance dans notre pays, où la propriété territoriale est très divisée et où manquent les capitaux disponibles et nécessaires aux bonnes cultures.

Je signalerai d'abord le mauvais usage que font nos cultivateurs de leurs petites économies. Ils ne comprennent pas que la circulation est la première condition pour faire fructifier les capitaux. S'ils gagnent dans une bonne année quelques centaines de francs, ils les mettent en dépôt plutôt que de les employer à accroître la fertilité de la terre, à en augmenter toujours davantage le rendement et par suite les bénéfices.

Le cultivateur, chez nous, se tient pour satisfait quand ses champs produisent de 10 à 15 hectolitres de blé par hectare, parce qu'il ne sait pas que la même étendue de terrain, donne en moyenne 20 hectolitres dans le nord de la France et en Allemagne, 25 en Belgique et 32 en Angleterre. Il ne comprend pas ses intérêts sous ce rapport ; car une légère augmentation des capitaux employés en engrais et en labours doublerait presque le revenu de sa terre, comme une petite augmentation de combustible suffit à doubler la vitesse d'une machine qui marche déjà avec la force de trois atmosphères. Le cultivateur, au contraire, fait l'avare avec la terre, et celle-ci, avec raison, est à son tour avare envers lui.

Enfin, il ne peut pas croire qu'en agriculture c'est celui qui sait dépenser le plus qui dépense le moins ; ce qui prouve la justesse du proverbe qui dit : *L'Agriculteur avare ne fut jamais riche.*

Notre paysan s'entend mieux aux spéculations sur les bestiaux ; il y emploie une bonne partie de ses capitaux. Mais il ne s'occupe point d'amé-

liorer les races, ni de faire un bon choix de
taureaux et de veaux. Il ne procure pas à ses
bestiaux la meilleure nourriture, et ne soigne
point, comme il le devrait, l'amélioration des prairies et l'augmentation des fourrages.

Il ne sait pas conduire la culture de ses terres,
de nature et de qualité si différentes. Il néglige,
selon son habitude, les bonnes terres pour
concentrer ses soins et ses fatigues sur les terres
les plus maigres. Cela prouve son ignorance de
ce principe très élémentaire d'économie : que les
forces doivent se concentrer sur les terrains qui
offrent plus sûrement une abondante récolte.

En effet, il est démontré par l'expérience que
les capitaux appliqués aux terres fertiles reviennent
vite et avec des bénéfices égaux à ceux que produisent les capitaux employés à l'industrie manufacturière. L'axiome suivant nous l'apprend :
« *Celui qui s'appauvrit pour la culture des terres
fertiles devient riche.* »

Les mauvaises terres doivent être améliorées
par les bonnes, mais non au préjudice de ces
dernières.

Les bonnes terres, bien cultivées, augmente-
ront toujours leurs produits, et, avec les bénéfices
qu'elles donneront, on pourra peu à peu fertiliser
les autres. Si au contraire, on néglige les bonnes
pour venir en aide aux mauvaises, celles-ci
absorberont les capitaux, qu'elles ne rendront que
bien tard, quand elles seront en état de fertilisation.
Pendant ce temps on verra chômer la production
des bonnes terres qu'on aura négligées.

On doit commencer l'amélioration des terrains maigres en y créant d'abord des pâturages et des bois pour les préparer à la culture des céréales ; mais il ne faut jamais songer à y semer immédiatement du seigle ou du blé, parce que le produit ne payerait pas les frais de culture.

Si l'on suivait ces prescriptions, l'agriculture ne serait pas ruineuse et donnerait certainement plus de bien-être aux cultivateurs.

J'arrive maintenant à un autre fait dont les conséquences sont quelquefois funestes au petit propriétaire ; je veux parler de l'ambition qui porte à élargir les limites des terres que l'on possède.

J'ai déjà dit que notre cultivateur ne met pas en circulation ses petites économies, comme le fait l'industriel. Il préfère les garder en dépôt, pour les avoir sous la main à la première occasion. Il a déjà jeté les yeux sur un morceau de terre contiguë à la sienne ; il voudrait l'acheter pour agrandir le bien paternel. L'ambition d'acquérir de nouveaux terrains est générale chez les cultivateurs. Cela se conçoit, surtout quand les terres anciennes que l'on possède sont arrivées au *maximum* de la production, et si, après avoir payé les nouvelles acquisitions, on a encore des capitaux de réserve suffisants pour la bonne culture des unes et des autres.

Cette ambition d'acquérir est un excellent stimulant ; elle excite le cultivateur au travail, à l'économie et à la prévoyance. Elle offre un moyen d'occuper des bras qui manqueraient peut-être de travail. Le père de famille voit avec plaisir que la nouvelle acquisition va l'aider à doter une fille le jour de son mariage et à augmenter la part des garçons dans le patrimoine.

Mais combien de fois ces beaux rêves sont-ils suivis d'une amère déception !

Avant de faire de nouvelles acquisitions, je l'ai déjà dit, on doit amener les terres que l'on possède déjà au plus haut degré de fertilité, afin qu'elles ne réclament plus d'autres capitaux que ceux nécessaires à la culture ordinaire. Mais où trouver un tel exemple ? Je ne crois point exagérer en affirmant qu'en général, nos terres sont bien loin de produire tout ce qu'elles pourraient donner.

Donc, au lieu d'acquérir de nouvelles propriétés foncières, on a plus d'avantage à améliorer avec les capitaux disponibles celles que l'on possède déjà.

En outre, il faut le remarquer, bien souvent le paysan achète des terres dont la valeur dépasse la somme dont il dispose. Malheur à lui si pour payer il doit recourir à un emprunt ; il court le risque bien grave de tomber entre les mains d'un usurier qui le ruine en peu d'années.

Quelque minime que soit le taux des intérêts à payer pour la somme empruntée, le produit des terres n'y suffit pas toujours, et, souvent, c'est bien en vain que le paysan a conçu l'espoir de payer le solde de la valeur de ces terres avec leurs propres produits.

Il ne réfléchit pas assez qu'une nouvelle propriété entraîne une augmentation de travail et par suite plus de frais de bestiaux et d'engrais ; il ne sait pas que : augmentation de bien veut dire augmentation de dépenses dans le ménage, etc., et bien souvent il trouve la misère là où il avait l'espoir d'augmenter son bien-être et de créer l'aisance pour sa famille.

Cette perspective de voir aggraver sa situation économique par de nouvelles acquisitions devient encore plus menaçante si, alléché par le bon marché, le petit propriétaire fait l'acquisition de terres stériles et maigres qui, pour être fertilisées, réclament de dépenses élevées au point de donner raison au proverbe qui dit que : *Le terrain le plus cher est celui que l'on achète le meilleur marché.* — Il ferait comme celui qui, au lieu d'acheter des vaches jeunes et bien portantes, achèterait de préférence des bestiaux maigres et fatigués avec l'espoir d'en retirer un meilleur parti.

Qui trop embrasse mal étreint. — Un hectare de terrain bien cultivé vaut plus que quatre mal tenus. — La terre vaut ce que l'homme sait la faire valoir. — Le capital que l'on emploie à la fertilisation des terrains est un argent qui donne sûrement des bénéfices. — Les bons terrains ont besoin de soins assidus et de capitaux plus nombreux que les mauvais terrains.

Toutes ces maximes et beaucoup d'autres encore, d'une saine économie, doivent être propagées au sein de la classe rurale ; personne ne saurait mieux s'acquitter de cette tâche que le maître d'école qui, vivant au milieu d'elle et se dévouant pour son bien moral, a su acquérir son estime et son affection.

QUATRIÈME CONFÉRENCE

Sommaire : Agents de la production rurale. — Travaux primordiaux et périodiques nécessaires pour rendre les terrains productifs et propres à la culture. — Importance des capitaux employés à la culture de la terre. — Économie sur les travaux.

Pour que la terre donne un produit supérieur au produit naturel, il lui faut le concours de capitaux sans lesquels on ne peut la rendre fertile. Pour que les terrains rendent largement les dépenses faites, il faut que les capitaux employés à leur culture soient en rapport avec leur étendue et le genre de produits que l'on veut en retirer.

C'est une absurdité de prétendre retirer beaucoup d'un terrain auquel on a donné peu ou presque rien.

Manquant de capitaux, on ne peut fertiliser les terres qu'avec l'aide du temps et de cultures qui les améliorent au lieu de leur porter préjudice.

En suivant une autre route on ferait de l'agriculture ruineuse, stérile et appauvrissante.

Il y a toujours avantage à concentrer les travaux et les capitaux sur les meilleurs terrains, dont les produits — plus sûrs et plus lucratifs — permettent peu à peu d'améliorer et de fertiliser les mauvais.

Telles sont les questions traitées dans les conférences précédentes, où nous avons parlé des rapports entre les terrains et les capitaux.

Voyons maintenant sous quelles formes on doit employer ces capitaux pour rendre les terrains productifs.

Nous avons déjà dit que l'agriculture est l'art de faire fructifier la terre par la culture des végétaux nécessaires à l'alimentation en général et à l'industrie.

L'œuvre du cultivateur doit tendre à placer les plantes dans des conditions favorables à l'influence des agents naturels, pour que leurs produits soient meilleurs et plus abondants.

Les plantes vivent entre deux milieux, qui sont : la terre et l'air. Il n'est pas au pouvoir de l'homme de modifier en quoi que ce soit le second de ces milieux. Il doit donc limiter son action au terrain, lequel lui offre un champ encore assez vaste pour exercer son intelligence et son activité.

La terre donne aux plantes le logement et la nourriture, que celles-ci reçoivent aussi en partie de l'air. Trouvant dans la terre appui et soutien, les plantes doivent y trouver aussi un logement commode pour étendre et développer librement leurs racines. Or, l'art seul peut mettre le terrain en état de loger convenablement les plantes au moyen de travaux qui le remuent, le triturent et l'adoptent aux divers besoins de celles-ci.

J'ai dit, en outre, que les plantes doivent tirer du sol, avec l'humidité, les substances nécessaires à leur nourriture. Ici les travaux sont encore indispensables pour aider à la décomposition des matières minérales renfermant les principes de cette nourriture.

Pourtant les travaux seuls ne suffisent pas à procurer aux plantes la nourriture nécessaire. En se succédant les unes aux autres, sur les mêmes sols, elles dépouillent peu à peu la terre des substances alimentaires et la stérilisent, si l'agriculteur ne pense pas à lui fournir de nouveau ce que lui enlève l'exportation des produits.

C'est à cette restitution que pourvoient les engrais, lesquels ne représentent pas seulement une pure et simple restitution faite à la terre, mais constituent aussi les premiers éléments fertilisateurs qui, après l'avoir poussée à sa plus forte production normale, la maintiennent en cet état.

Travaux et engrais : telles sont donc les deux formes sous lesquelles la plus grande partie des capitaux doit être employée à la culture des terrains.

Travaux et engrais : voilà les deux agents principaux de la production rurale, que l'on doit tenir constamment unis entre eux pour obtenir de la terre le plus de rentes possibles.

Examinons-les séparément.

Les travaux agricoles varient par leur importance et par leur quantité selon la nature des terrains auxquels ils s'appliquent. Sur un terrain cultivé depuis longtemps, et en bon état de fertilité, les travaux se limitent aux opérations

annuelles d'ensemencement, de fumure, de façons
et de récolte. Mais s'il s'agit d'un terrain inculte,
abandonné à la végétation naturelle, que l'on
veut rendre propre à la culture, il faut bien d'autres travaux, que nous allons passer ici brièvement en revue.

Si c'est un terrain boisé, il faut, avant tout,
abattre les arbres, arracher les troncs et les
souches du sol et labourer ensuite la terre en
tous sens.

Si le terrain est abrupte, couvert de ronces et
de broussailles, il faut déraciner ronces et broussailles et les brûler, pour en répandre les cendres
sur le sol, que l'on remue ensuite par des labourages successifs.

Dans un ancien pâturage on doit arracher
l'herbe, la faire sécher au soleil et répandre aussi
les cendres sur le sol avant de le labourer.

Quand vous aurez un terrain sableux, inculte,
des landes improductives, il faudra nécessairement défoncer le sol par un labour des plus éner-
giques, au moyen d'une forte charrue attelée de
deux ou quatre bœufs robustes.

Ces travaux de labourage devront être faits
pendant l'été et l'automne afin que le terrain,
dur et sauvage, puisse être ensuite détrempé
et amélioré par l'action efficace de la neige, de
la gelée, de l'air et du soleil.

Si le terrain est d'une nature compacte et tenace,
si son sous-sol imperméable ne permet pas
l'écoulement des eaux, il vous faudra creuser des
fossés pour favoriser cet écoulement, ou mieux
encore y pratiquer le drainage. Si le sol est

irrégulier, plein de cavités ou de ravines, il sera
nécessaire d'en niveler la surface en ajoutant de
la terre végétale, et en aplanissant les proémi-
nences.

Si le terrain est aride et rebelle à toute culture.
il faudra lui procurer le bénéfice de l'arrosement
au moyen de canaux de dérivations.

Vous trouverez quelquefois un terrain impropre
à la culture à cause de sa composition. Il y aura
abondance ou pénurie d'argile, de sable ou de
calcaire. Vous devrez, pour rendre ce terrain
productif, y ajouter de la marne, du sable ou de
la chaux sous forme d'amendements ou bien
pour le colmatage.

Enfin, il faut, selon les cas, entourer ces terrains
d'un mur ou d'une haie pour préserver les
endroits cultivés contre l'invasion des bestiaux et
les dégâts des passants, et y pratiquer des travaux
hydrauliques pour les mettre à l'abri de la dévas-
tation des eaux courantes.

Voilà, en quelques lignes, la somme de travaux
que réclament les terrains vierges pour être
rendus cultivables et productifs. Travaux impor-
tants et coûteux, comme vous le voyez, et dont
le résultat peut être bien au-dessous des efforts
accomplis s'ils ne sont pas conduits avec intelligence.

Beaucoup de personnes croient que le défrichement d'un terrain inculte ne présente pas de
grandes difficultés. Elles estiment même qu'il y a
toujours avantage à le faire parce que, s'illusion-
nant sur les résultats, elles ne calculent pas
toujours les dépenses nécessaires pour les obtenir.

Un grand nombre de personnes aussi sont attirées et séduites par l'idée de voir de belles moissons et de beaux raisins là où il n'y avait auparavant que mottes, orties et mauvaises herbes.

En effet, l'homme, en apportant la vie sur une terre inculte et abandonnée, en la parant d'une nouvelle végétation, en reléguant les plantes malsaines dans la forêt, l'homme, dis-je, affirme dignement sa puissance et sa domination sur la terre.

Mais bien souvent les résultats trahissent les prévisions parce que l'on n'a pas su faire un bon usage des terrains défrichés. L'impatience de tirer un bénéfice immédiat du degré de fertilité que la végétation naturelle a procuré à ces terrains pousse le cultivateur à les ensemencer de céréales pendant deux ou trois années, sans songer à leur donner le moindre engrais. Ils retombent dans leur stérilité primitive.

Telle est, messieurs, l'histoire de la plus grande partie des défrichements pratiqués dans les terrains montueux du Piémont.

A tous les travaux que nous avons énumérés, et qui ont pour but de rendre le terrain cultivable et fertile, il faut ajouter ceux que l'on exécute périodiquement pour mettre en action et à profit la puissance de production acquise.

Les premiers s'exécutent une fois seulement ou ne se renouvellent qu'à des intervalles très longs; les seconds, au contraire, se répètent tous les ans, et quelquefois davantage, selon les besoins des plantes que l'on cultive.

Les travaux annuels sont appliqués au terrain et aux plantes. Ceux qu'on applique au terrain consistent en labour, piochages, bêchages, qui remuent la terre et la divisent en mottes et en hersages, qui la brisent, l'égalisent et l'affermissent.

Le but de ces travaux est de rompre et de remuer les terrains endurcis, de détruire les mauvaises herbes et d'en arracher les racines, de donner à la surface du terrain la forme la plus propre à la culture et à l'écoulement des eaux, de rendre le sol poreux et apte à absorber l'air et les gaz de l'atmosphère, leur but, enfin, est d'incorporer les engrais à la terre et de faciliter la décomposition des substances minérales qui doivent fournir aux plantes leurs principes alimentaires.

Quand le terrain est préparé par les travaux nécessaires, il reçoit la semence. Pendant la période de végétation, l'œuvre du cultivateur est également indispensable ; aux opérations d'ensemencement et de plantation succèdent les soins que l'on doit prodiguer aux plantes. Quelques-unes veulent être déchaussées, rechaussées et sarclées ; d'autres doivent être émondées et nettoyées.

Viennent ensuite les travaux de la récolte ; le fauchage des prés, la coupe des blés et la vendange. A ces travaux succèdent les apprêts et la préparation des produits ; le battage des céréales, l'égrenage des légumineux et du maïs, la fabrication du vin, etc. ; et en dernier lieu, la conservation des produits jusqu'à l'époque de la vente ou de la consommation.

D'après les détails que je vous ai donnés sur les travaux primordiaux et sur le développement nécessaire à la bonne culture des terrains, vous pouvez facilement vous faire une idée de la quantité de capitaux qu'il faut consacrer à une exploitation agricole.

En effet, à la variété des travaux correspond une variété d'instruments dont chaque ferme doit être pourvue. Si petite que soit celle-ci vous y trouverez toujours des charrues, des pioches, des bêches de différentes formes et dimensions, des herses, des râteaux, des fourches, des faux, des charrettes. A ces ustensiles, viendront s'ajouter — pour les grandes fermes — l'extirpateur, le scarificateur, le semoir, la faucheuse et l'égrenoir, instruments qui réclament les uns la force de l'homme, les autres celle des bœufs et des chevaux, ceux-ci celle de l'eau, ceux-là celle de la vapeur.

En résumé, il faut songer à se pourvoir d'ustensiles et de forces motrices ; il faut songer aux dépenses que nécessitent les hommes de peine et les laboureurs. Quand vous aurez considéré que les machines s'usent, qu'il faut les réparer ou les renouveler ; quand vous aurez réfléchi que les animaux dépérissent, vous vous persuaderez facilement que la plus grande partie des capitaux doit être employée aux travaux de labourage.

A cause de la difficulté et de la multiplicité des travaux agricoles beaucoup de personnes affirment et croient que la culture n'est pas rémunératrice des fatigues et des dépenses qu'elle exige. Ce qui les confirme davantage dans leur opinion, c'est de

voir les bénéfices que donnent les autres industries.

Cette opinion est malheureusement justifiée
dans bien des cas. La terre récompense pauvre-
ment le cultivateur qui, pour émonder les vignes
et ensemencer les champs, consulte les diverses
phases de la lune plutôt que les besoins des
plantes.

L'agriculture , lorsqu'elle est considérée et
exercée comme un art industriel véritable, rend
au contraire ces travaux économiques pour en
tirer le plus d'utilité et d'efficacité possibles. Tels
sont les résultats que l'on obtient infailliblement
en se conformant aux prescriptions suivantes :

1° Faire bien les travaux, c'est-à-dire se servir
d'instruments perfectionnés, lesquels en usant
moins de force, font un meilleur travail ; employer
des animaux dont la vigueur soit suffisante ;
confier enfin, la direction et l'exécution des
travaux à des laboureurs robustes et intelligents.

2° Exécuter les façons et les répéter en temps
opportun, autant de fois qu'elles sont nécessaires
pour le bon labourage du terrain et pour sa
préparation à l'ensemencement ;

3° Distribuer les cultures et les travaux de
telle façon que, dans les diverses saisons de
l'année, ni les hommes, ni les animaux puissent
rester oisifs ou être surchargés de besogne.

En somme, que signifie tout cela ? Cela signifie
que l'ignorance du cultivateur est la cause première
du peu de profit que donne le travail appliqué à
la culture du sol. Qu'on instruise le cultivateur,
que l'on change sa position actuelle de simple

instrument en celle d'ouvrier et de directeur d'instruments, et son travail deviendra plus noble, plus moral, plus conforme à la dignité humaine, et, en même temps, plus économique et plus utile.

Je veux conclure ici, avec Ridolfi : Dans toutes les industries, les progrès de la mécanique et l'application des principes scientifiques ont été la cause de leur marche en avant ; en serait-il autrement pour l'agriculture ? Je ne le crois pas. En effet tandis que dans toutes les manufactures les machines se substituent à la main de l'homme, que la force de la vapeur remplace celle de ses muscles, et qu'on ne lui laisse que la part la plus noble, c'est-à-dire l'application de son intelligence , peut-on croire, dis-je, que l'agriculture doive rester stationnaire et ne pas marcher elle aussi, en avant ?

Comment, l'agriculture , cette industrie qui pourvoit à tous les besoins de l'homme , qui fournit aux autres toutes les matières premières ; celle qui est et restera toujours la plus importante, celle-là devra rester constamment à son état primitif et n'être exercée qu'à force de bras et de fatigue, sans le secours de l'intelligence et sans l'aide des capitaux ?

Comment pour le cultivateur seulement sera toujours vraie cette sentence : que l'homme devra se nourrir à la sueur de son front ?

Non, cela ne peut être. Il faut que l'agriculture progresse comme toutes les autres industries ; comme toutes les manufactures, il faut qu'elle subisse des transformations successives. Tant que cela ne sera pas, il y aura toujours manque d'équilibre dans les conditions des diverses industries humaines. Le bien-être social n'existera pas, parce qu'il est nécessaire que la production agricole augmente et que la valeur de ses produits diminue, afin que cette production réponde de plus en plus à la population croissante et aux progrès de la civilisation qui multiplient les besoins sociaux.

CINQUIÈME CONFÉRENCE

Sommaire : Nécessité des engrais. — Nourriture atmosphérique et souterraine des plantes. — Accord nécessaire
de ces diverses nourritures pour la bonne production des
terrains. — Corrélation entre les plantes et les animaux
par rapport à la respiration et à la nourriture. —
Conséquences pratiques. — Matières servant d'engrais.
— Importance du fumier. — Tout est utile sur la terre.

Dans la dernière conférence, en traitant des
capitaux ruraux et de leur mode d'emploi, je vous
ai parlé des divers travaux, les considérant comme
un des principaux agents de la production.

Dans cette conférence, nous traiterons du second
mode d'emploi des capitaux, c'est-à-dire de
l'application des engrais.

La question des engrais a une importance
vraiment capitale ; c'est d'elle que dépend, en
grande partie, l'amélioration tant souhaitée de
notre agriculture. Si les cultivateurs de notre
beau pays étaient mieux convaincus de la nécessité
et de l'utilité des engrais, s'ils usaient de tous les
moyens pour les obtenir meilleurs et plus abondants ; ils ne manqueraient pas d'arriver bientôt

à ce degré de bien-être que Henri IV souhaitait aux cultivateurs de la France, quand il exprimait le vœu de voir tous les paysans mettre une poule au feu tous les dimanches.

Ajouter, comme nous l'avons dit, du sable aux sols argileux et de l'argile aux so's légers ; drainer les terrains humides et arroser ceux qui sont secs ; labourer profondément les terres puissantes et compactes : toutes ces pratiques sont excellentes. Mais elles sont néanmoins insuffisantes pour assurer une bonne et constante production. Elles corrigent, il est vrai, les propriétés mécanico-physiques du terrain, mais c'est tout.

Pour que la terre donne en abondance de bons produits, il ne suffit pas que le labourage permette le développement aisé des racines et rende le sol perméable à l'eau, à l'air, à la chaleur et à l'absorption des principes fertilisants contenus dans l'atmosphère, il faut encore que cette terre renferme une quantité suffisante de substances minérales et organiques nécessaires à la nourriture des plantes. La science et l'expérience nous ont démontré que tous les matériaux trouvés par l'analyse dans une plante ont été indispensables à son développement et à la formation de ses diverses parties.

Ce grand principe que la nature ne fait rien d'inutile et que partout elle a tout réglé en nombre, en poids et en mesure, se trouve ainsi clairement vérifié. C'est pourquoi, un terrain, bien qu'étant composé d'argile, de sable et de calcaire dans de justes proportions, et possédant, en outre, les propriétés mécanico-physiques nécessaires à la bonne végétation, ne deviendra pas productif s'il n'a été pourvu de tous les matériaux nécessaires au développement et à la fructification des plantes que l'on y cultive.

Sa fertilité et sa puissance de production seront proportionnées à la quantité de matériaux utiles qu'il renfermera. De là, il résulte naturellement que, aussi bien qu'un terrain soit labouré, il deviendra peu à peu improductif, si on ne répare pas constamment les pertes des produits minéraux et organiques qui lui sont enlevés par les récoltes.

Le contraire se produit sur un terrain à végétation naturelle. Celui-ci s'améliore peu à peu, et avec le temps, devient fertile, par ce qu'on n'exporte aucun de ses produits. Par les dépouilles des plantes qui s'y succèdent, il reprend non seulement ce qu'il leur a fourni, mais encore ce que ces mêmes plantes avaient absorbé dans l'atmosphère.

Des principes ci-dessus exposés, il résulte encore ceci, que l'appauvrissement du sol est proportionnel à la quantité de matériaux enlevés par les plantes. Tous les végétaux cultivés ont besoin, dans des proportions diverses, de substances minérales ; ils appauvrissent donc le sol, à des dégrès différents. Le blé, ou pour mieux dire, toutes les céréales absorbent plus de principes minéraux que la luzerne, l'herbe médicinale, les haricots et les plantes légumineuses en général.

Or donc, que l'on cultive, si l'on veut, les plantes les moins épuisantes, il arrivera néanmoins un moment où le terrain sera rebelle et refusera toute nourriture aux plantes, par la raison bien simple qu'il n'en aura plus à leur donner. La vertu productive cessera de la même manière que l'on vide une citerne, — selon la comparaison de Liebig. — de laquelle on extrait continuellement de l'eau sans en ajouter.

Il ne faut pas oublier, non plus, que tous les végétaux se développent progressivement au moyen de la nourriture qu'ils reçoivent de la terre et de l'atmosphère. Le fond de nutrition de l'air est inépuisable parce que la nature le renouvelle sans que l'homme s'en préocupe. Il n'en est pas de même du fond de nutrition du sol ; celui-ci veut être constamment renouvelé par l'œuvre de l'homme. Le cultivateur doit donc pourvoir à l'alimentation souterraine des plantes comme la nature pourvoit à leur nutrition atmosphérique.

Les plantes ont tout d'abord besoin de l'humidité de l'air. La chaleur recueille l'eau sous forme de vapeur, à la surface des mers et des continents ; elle la répand dans l'atmosphère pour la renvoyer ensuite à la terre en rosée, en pluie, et en neige. Puis, elle la reprend encore, par une action perpétuelle qui maintient à l'air une humidité convenable, et conserve la vie au règne organique.

Les plantes extraient l'azote de l'atmosphère sous forme d'ammoniaque, et la nature a largement pourvu à ce besoin en faisant entrer ce gaz pour quatre cinquièmes dans la composition de l'air.

Les plantes enfin absorbent de l'acide carbonique de l'atmosphère, qui en contient de trois ou quatre dix-millièmes. Comme cette quantité ne correspond pas aux besoins de tous les végétaux, la nature, prévoyante, a imaginé d'autres moyens d'en produire.

La combustion, la fermentation et la décomposition des substances organiques sont autant de sources de gaz acide carbonique qui se répand dans l'air.

A ces sources temporaires, il faut ajouter la source perpétuelle de la respiration animale. Dans cette fonction les animaux remplacent l'oxygène de l'air par de l'acide carbonique, gaz délétère qui leur est nuisible.

Vous remarquerez ici une des corrélations existant entre les animaux et les plantes.

Les animaux, par respiration, diminuent dans l'air la proportion de l'élément vital qui est l'oxygène ; ils introduisent à sa place de l'acide carbonique, qui doit être ensuite éliminé, n'étant pas respirable.

Mais le retrait de ce gaz ne suffit pas. Il faut encore restituer à l'air l'oxygène contenu dans l'acide carbonique, car sans cette restitution la continuation de la vie des animaux deviendrait impossible.

Or, c'est de ce double travail que les plantes sont chargées. L'acide-carbonique leur est indispensable ; c'est ce gaz qu'elles respirent. Elles le prennent à l'atmosphère, le décomposent sous l'influence de la lumière, rendent l'oxygène à l'atmosphère et gardent pour elles l'acide carbonique.

Ce qui donne la mort aux animaux fait vivre les plantes. Par l'antagonisme de ces besoins le règne animal et le règne végétal soutiennent réciproquement leur existence.

Dans l'art admirable avec lequel la nature pourvoit à la nourriture aérienne des végétaux, l'homme doit puiser un exemple utile pour leur procurer la nourriture souteraine ; c'est dans cet accord de l'art et de la nature que réside le secret de la production agricole portée à ses plus hautes limites.

Le cultivateur avisé doit donc essayer de conserver l'équilibre entre les produits du sol et les substances qu'on lui administre ; il doit solder le *doit* avec l'*avoir* du terrain, balancer les différences qui se produisent à chaque récolte. De cette façon il atteindra son but, qui est de conserver constamment la vertu productive du sol.

Tout cela nous amène à cette conséquence finale qu'il faut restituer à la terre tout ce que lui enlèvent les produits que nous en retirons.

Et pour que cette restitution soit totale et assurée, il faut que l'agriculteur veille, afin que tous ceux qui profitent des produits du sol lui restituent ou compensent ce qu'ils en reçoivent.

Les animaux et les industries qui utilisent les produits de la terre, les uns comme aliments, les autres comme matières premières, doivent en temps opportun solder le *doit* du compte courant que le terrain leur a ouvert sur son livre de comptabilité.

S'il arrive pour une cause quelconque que les animaux ou l'industrie ne puissent rembourser au terrain toutes leurs créances, le cultivateur doit en trouver l'équivalent, s'il ne veut pas que les rentes de ses terres diminuent.

En procédant ainsi, l'agriculteur ne fait que suivre l'exemple donné par la nature. Il met en action ce que cette dernière a elle-même disposé pour la conservation de la vie, de l'ordre et de l'harmonie dans l'univers.

En effet, suivez par la pensée, la transformation des aliments dans la machine animale. Une partie devenue inutile est rejetée par l'organisme ; en mélangeant au terrain les excréments des animaux, on lui restitue déjà une partie des matériaux que lui ont enlevés les produits dont ceux-ci se sont nourris.

L'autre partie des matériaux nutritifs qui n'est point rejetée, concourt au développement de l'organisme et se transforme en matière propre des animaux. Quand les animaux cessent de vivre, toutes leurs substances propres et organiques se dissolvent, et en se décomposant, elles rendent libres les matériaux primitifs qui les constituaient. Avec toutes ces dépouilles, on arrive à faire à la terre une restitution totale de tout ce qu'elle a donné.

Comme nous l'avons déjà remarqué pour la respiration, ce que les animaux rejettent comme inutile et nuisible, devient très nécessaire et très utile aux plantes, qui l'utilisent pour leur préparer une nouvelle nourriture.

Ainsi de toute la matière créée, rien ne se perd, ni s'anéantit sous l'empire des forces naturelles et humaines, et par un millier de voies et de formes diverses, elle se modifie, se transforme, sans jamais se détruire. La coordination de ses métamorphoses a un but suprême : la conservation des deux règnes : la vie végétale et la vie animale.

Le poète a eu une inspiration très juste :

> Le cose tutte quante
> Hanno ordine tra loro, e quest'è forma
> Che l'universo a Dio fa somigliante.

> « Tout est dans l'univers, à sa place, à son lieu,
> « Et cet ordre divin le fait pareil à Dieu. »

Les engrais sont donc nécessaires. Ce sont les matières premières avec lesquelles se forment les récoltes qu'on attend de la terre. On ne doit rien négliger de ce qui peut les donner meilleurs et plus abondants Après tout les plantes ne sont pas autre chose que : engrais, atmosphère et eau, transformés en matière végétale. Il s'ensuit de là que la quantité de produits donnée par un terrain cultivé est proportionnel aux engrais utiles qu'on lui a fournis.

Parmi les substances que les végétaux retirent du sol, se trouve principalement le phosphore, l'azote, la potasse, la soude, la chaux, le soufre et le carbone. Ce sont les engrais qui doivent administrer aux plantes tous ces éléments en les faisant passer par la terre. Toute matière organique ou inorganique contenant une ou plusieurs des substances désignées peut donc parfaitement servir d'engrais.

Ces matières sont : Dans le règne minéral, la chaux, la marne, le plâtre, les cendres, les plâtras, la suie, etc ; — dans le règne végétal : les feuilles, les branches, les retailles, les sarments de vignes, les *rovesci*, les résidus de diverses industries, de la fabrication du vin, de la bière, du cidre, de la fécule, de l'alcool, du sucre, de l'huile, etc.

Enfin, on trouve dans le règne animal toutes les parties de l'organisme : le sang, la chair, les os, la peau, les ongles, les rognures de cuir, etc. A toutes ces matières viennent s'ajouter celles qui sont composées, telles que : les *terriciati*, la crasse des fosses, les balayures des rues, le lit des vers-à-soie, le guano, et enfin les excréments des animaux, vidanges, fumier, colombine, etc.

Quelle variété immense d'engrais !

Et par combien de voies diverses la terre peut reprendre ce qu'elle donne aux végétaux !

Nous dépasserions ici les limites de l'Economie rurale si nous voulions traiter les engrais en particulier.

Examinons-en simplement et brièvement la partie économique.

L'efficacité, l'utilité et l'économie des engrais varient selon leur composition, leur forme et leur prix de revient.

Le plus économique, le plus utile entre tous, est celui qui renferme la plus grande quantité de principes minéraux et organiques nécessaires aux plantes ; — c'est celui dont l'application sert, en même temps, de correctif mécanico-physique ; c'est enfin celui qu'on peut acquérir ou produire à petits frais, dans l'intérieur même des fermes.

Toutes ces qualités que l'on trouve séparées dans les engrais divers déjà énumérés, se trouvent réunies dans le fumier. Il constitue l'*engrais normal*, et son efficacité est souvent comparée à celle des autres. En effet, le fumier est un engrais complexe composé de matières organiques et inorganiques, solides et liquides ; il peut restituer au terrain une plus grande quantité de matières que ne lui en donnent la chaux, le plâtre, la marne, les résidus végétaux, etc. Il peut, en outre par sa forme, rendre le terrain plus moelleux et plus perméable à l'air et aux gaz atmosphériques.

Enfin, il a une importance particulière, comme produit naturel et inhérent à l'industrie rurale. C'est l'engrais dont se servent généralement les agriculteurs.

Je dis à dessein que le fumier est un produit naturel et presque inhérent à l'industrie rurale, parce que, sans discuter jusqu'à quel point est vrai cet axiome que dans toute ferme les bestiaux sont un *mal nécessaire*, il est certain que tant que l'on ne changera pas radicalement le mode de culture universellement adopté, les bestiaux continueront à être indispensables à l'industrie rurale autant par leur production en viande et en matières animales, que par l'emploi de leur force motrice.

Après cet exposé, chacun comprendra la grande importance de la fabrication du fumier dans toute entreprise agricole. Chacun comprendra que du prix de revient de cet élément fertilisateur dépendra le coût de la production des denrées qui en auront profité.

Donc le but auquel doit tendre l'agriculteur qui veut retirer de la terre le plus de produits possibles, c'est d'obtenir, à bon marché, la plus grande quantité et la meilleure qualité possible de matières à engrais.

Pour atteindre ce but, il faut que les machines produisant les fumiers, c'est-à-dire les animaux, soient d'une bonne race et propres à la localité ; il faut que les matières des engrais, c'est-à-dire le fourrage et la litière, soient excellents ; il faut que les machines travaillent utilement et constamment c'est-à-dire que les animaux soient presque toujours à l'écurie. Il est nécessaire aussi que l'écurie soit bien construite, pour que rien ne se perde et qu'on puisse facilement la nettoyer. Il faut enfin que les fumiers réunis soient bien conservés pour les empêcher de moisir, de sécher, et pour que leurs principes volatils ne se dispersent pas dans l'atmosphère.

Cependant tout cela ne suffit pas à rendre bien économique la fabrication des engrais. Le rôle du bétail serait encore bien passif si, par d'autres produits utiles autant que le fumier, il ne venait pas compenser les frais énormes de nourriture, de couche, de personnel, d'écurie, etc, et payer l'intérêt et l'amortissement du capital employé à son achat.

Les bestiaux nous fournissent encore, en plus du fumier, des travaux, du lait, de la viande, de la laine, etc. C'est sur ces divers produits que sont proportionnellement répartis tous les frais mentionnés plus haut.

De là, il résulte clairement que plus la valeur des autres produits tirés des animaux sera grande, plus l'engrais reviendra bon marché. C'est là précisément que réside le nœud final de la question, savoir : *Choisir entre les diverses spéculations celles qui, — en tenant compte des conditions*

*climatologiques, du terrain, du système de culture,
de la localité et des conditions des capitaux disponibles, — sont reconnues les plus convenables.*

Le cultivateur qui sait bien résoudre ce problème, obtient beaucoup d'engrais à bon marché,
améliore ses terrains, augmente tous les ans le
bénéfice net de ses récoltes et multiplie ainsi ses
capitaux en peu d'années.

Malheureusement dans notre pays, ils sont très
rares les cultivateurs qui savent que les fumiers
sont la principale source de la fortune; et plus
rares ceux qui en ont tenté l'essai.

Si vous dites au plus vulgaire des cultivateurs:
vos terrains ne compensent pas assez vos labeurs
parce qu'ils manquent d'engrais. Augmentez le
nombre des machines qui vous le fournissent;
ayez au moins une tête de gros bétail par hectare
de terrain; multipliez les fourrages; augmentez
l'étendue des prairies qui les produisent; établissez
des prairies temporaires de luzerne et de trèfle
sur les terres labourables, il vous répondra que,
si le pain qui sort de la terre est déjà bien cher,
avec le système proposé, de diminuer le nombre
des terrains qui le produisent, beaucoup d'eux
mourraient de faim.

Dites alors à ce cultivateur qu'en multipliant les
fourrages, il retirerait une moindre étendue de
terrain et avec moins de frais, une plus grande
quantité de blé; rappelez-lui ce proverbe très
juste : *Qui a du fourrage a du pain, (chi ha fieno,
ha pane),* parce que, qui a des fourrages a des
bestiaux, c'est-à-dire des forces et des engrais
pour accroître la production du blé, il vous

répondra que « *le fourrage n'est pas l'herbe dont on fait le blé.* »

Toute vérité, quelque forme qu'elle prenne, fait toujours difficilement son chemin dans la classe vulgaire parce qu'à chaque pas elle rencontre des erreurs et des préjugés qu'elle doit combattre.

Mais, pour vive que soit la lutte entre le préjugé et la vérité, celle-ci, naturellement, triomphe toujours. Le courage et la persévérance de ceux qui la proclament peuvent souvent hâter le moment de ce triomphe.

Ne cessons donc pas de répéter que la production des fourrages est la base principale de l'industrie agricole; que de leur abondance dépendent l'abondance, la variété, la certitude et le bon marché de la nourriture des bestiaux, ainsi que d'une foule d'autres produits

C'est pour cela que l'agriculteur avisé doit employer une partie de ses capitaux à l'élevage du bétail, et par suite, à la production de l'engrais. Tâchons de persuader les cultivateurs que l'agriculture ne peut être largement rémunératrice sans que ceux-ci soient en nombre suffisant.

Propageons ce principe qu'en procurant la nourriture à de nombreux bestiaux, on procure aussi du travail et du pain à un grand nombre de personnes.

Pour que ces vérités puissent arriver plus facilement à l'intelligence des cultivateurs, préparons-leur la voie, en prenant pour base les usages et les habitudes locales, démontrons-leur que le peu de fertilité actuelle de la terre est la conséquence du manque d'engrais; que le mauvais emploi du terrain et la pénurie de bestiaux et des fourrages sont la cause de leur rareté. Démontrons-leur encore que la bonne nourriture fait la bonne bête, et que l'animal n'acquiert ni lait, ni viande, ni force en allant errer dans les pâturages abandonnés à la production naturelle ; — que la prairie, pour être la dot de la ferme, doit avoir une étendue suffisante, non seulement pour ses propres besoins, mais encore pour ceux des terres ; — qu'enfin pour la prépondérance de ces dernières sur la prairie, on sème beaucoup et l'on récolte peu. (*Molto si semina e poco si raccoglie*).

En insistant sur la nécessité absolue des engrais, il faut faire remarquer surtout que le fumier, bien qu'il soit le meilleur, n'est pas un engrais, tout à fait complet. Il ne restitue pas à la terre toutes les matières qu'elle fournit aux plantes.

Pour cette raison, et pour cette autre non moins importante, qu'il n'y a presque pas de ferme produisant la quantité de fumier nécessaire à une culture normale, il faut recommander l'usage d'autres engrais d'origine minérale et organique, lesquels sont très utiles, soit employés seuls, soit comme complément du fumier.

La chaux éteinte (*fiorita*), par exemple, est très bonne pour les vignes, pour les céréales et pour les légumes ; elle aide à la décomposition des engrais végétaux et animaux dans les terrains argileux.

Les plâtras contiennent beaucoup de nitrate et s'appliquent utilement aux terrains froids et aux prairies. Le plâtre répandu au printemps par un temps frais et brumeux double, bien souvent, les

produits des plantes légumineuses. La marne
(marna) est un amendement et un engrais utile
autant que la chaux. Les cendres et la suie sont
excellentes pour toute culture, pour les vignes,
pour les arbres fruitiers et pour les terrains
marécageux.

Les *rovesci* de lupin (lupino), de fève, de
luzerne, de blé noir (saraceno), les marcs du
raisin, les tourteaux de lin et de noix sont utiles à
toutes les plantes, particulièrement aux céréales,
au chanvre et aux vignes.

Les os pulvérisés, riches en phosphates sont
profitables surtout aux céréales et aux plantes
légumineuses.

Le sang, la viande, les excréments humains,
solides et liquides, le guano, sont des engrais
dont l'efficacité est rapide et merveilleuse sur
toute culture.

Enfin, (ceci est un précepte essentiellement
nécessaire) considérant qu'il n'y a rien d'inutile
sur la terre ; considérant que l'on doit profiter de
l'enseignement donné continuellement par la
nature, qui n'oublie, ne néglige et ne perd jamais
rien ; considérant que les résidus de la désorga-
nisation dans les deux règnes de la vie appartiennent à la terre par droit de propriété, et qu'il
est nécessaire qu'ils y retournent pour rétablir
l'équilibre de ses forces productives, — deman-
dons que l'on cesse d'appliquer à l'agriculture la
sentence fatale, *de minimis non curat prætor*, —
et qu'on s'occupe avec sollicitude de récolter et
de produire les engrais en grande quantité.

Que l'on mette un terme à la dissipation déplorable de beaucoup de restes organiques, et surtout l'abandon imprévoyant et funeste des égouts publics. Si les anciens Romains les faisaient administrer par un Conseil supérieur présidé par un haut dignitaire de l'Etat; si les agriculteurs Chinois et Japonais depuis les temps les plus reculés, et si les Flamands d'aujourd'hui récoltent tous les excréments avec le plus grand soin, c'est qu'il y a dans ces matières une richesse dont l'utilité doit faire surmonter la répugnance naturelle qu'elles inspirent.

Cette raison est exprimée par la science moderne, par la formule suivante, que je recommande au souvenir de tous ceux qui cultivent la terre et aux méditations de ceux qui administrent les communes.

Chaque tonne de matières excrémentielles perdue — équivaut un hectolitre de blé retiré de la terre.

SIXIÈME CONFÉRENCE

Nous avons vu dans les précédentes conférences que l'industrie agricole, pour augmenter la production, met en œuvre deux moyens principaux : les engrais, qui sont la matière première des récoltes, — et le travail de l'homme, des animaux et des machines. L'association raisonnée de ces deux agents aboutit à un résultat beaucoup plus important : elle améliore et fertilise la terre, lui conserve sa puissance productive et obtient à peu de frais, des récoltes abondantes et variées.

C'est à cette conclusion que se rapporte tout ce qui a été dit précédemment ; toutes les fois que j'en ai eu l'occasion, j'ai fait remarquer que le véritable progrès en agriculture, — celui qui doit transformer l'industrie rurale — réside dans la fertilisation de la terre, que l'on obtient par l'association des deux agents de la production : les travaux et les engrais.

Pour mieux vous convaincre de cette vérité, dans laquelle sont résumés tous les principes de l'économie rurale, je vous signalerai aujourd'hui les conséquences funestes de la séparation de ces deux agents et les résultats utiles de leur accord, au double point de vue de l'abondance et de la continuité de la production, de son prix de revient et de la rente des capitaux employés à la culture.

Comme le langage des faits est plus éloquent que tout autre et peut convaincre les gens plus facilement, c'est à ces faits que je ferai appel, en rapportant les résultats de notre expérience et en vous rappelant les enseignements fournis par l'histoire de notre agriculture.

L'homme entreprend la culture des terres vierges et il les fertilise en peu de temps. La nature avait accumulé sur ces terres un trésor de fécondité, fruit du travail de bien des siècles. Elle avait divisé la roche, par l'action combinée de l'air, de l'eau, de la chaleur, du froid, de la sécheresse et de l'humidité.

Sur le premier morceau de terre elle avait déposé la semence des plantes bien humbles. Sur les dépouilles de celles-ci, elle avait fait graduellement se succéder d'autres plantes plus robustes, destinées à préparer une demeure stable et convenable à d'autres plantes plus propres, celle-là, à satisfaire les besoins de l'homme.

Mais l'homme, qui voit le présent et ne pense pas au lendemain, ruine et dessèche ses terres par la culture continuelle du blé et consume ainsi, en peu d'années, un capital de plusieurs siècles.

C'est l'époque des tribus nomades, qui abandonnent les terres épuisées pour porter sur d'autres points la même ruine et la même devastation.

C'est le triste spectacle qui se renouvelle, aujourd'hui encore, sur les terrains vierges de l'Amérique.

Dans les districts du Connecticut, du Massachussets, du Kentucky, du Tennessee, du New-Hampshire, les récoltes du blé ont diminué de moitié, dans l'espace de dix ans seulement, de 1840 à 1850 ; les récoltes des pommes de terre ont été réduites d'un tiers Il est arrivé la même chose pour les cultures de coton de la Caroline du Sud.

Le voyageur qui parcourt les régions de l'Alabama, de la Virginie et des Carolines, trouve beaucoup de cases de colons vides, abandonnées et tombant en ruines ; ces cases étaient pourtant habitées autrefois par des hommes libres, intelligents et laborieux

Les champs, si fertiles, sont aujourd'hui envahis par les mauvaises herbes. La mousse couvre les murs de ces villages jadis plein de vie. On trouve, de nos jours, dans les mains d'un seul propriétaire les terrains qui formaient autrefois le patrimoine de plusieurs familles d'agriculteurs appartenant à la race blanche.

Ces pays qui, nés à peine d'hier, attiraient à eux les spéculateurs, les colons et tous ceux qui allaient à la recherche du travail et de la richesse, portent aujourd'hui les signes de la veillesse et de la décrépitude.

Pourquoi la prospérité de ces contrées a-t-elle été si passagère? Quelle est la cause de ce déclin si rapide?

La provision de fertilité accumulée par la nature, sur ces terres, où une agriculture dévastatrice voilà tout.

L'impuissance du travail à conserver seul la fécondité du terrain ne saurait être plus manifeste.

Travail et terrain pauvre se nuisent mutuellement. (Lavoro e terra povera si affamano a vicenda).

Cela est, parce que le travail provoque et hâte l'épuisement du restant de fécondité du terrain, sans trouver toutefois, dans les produits, une rémunération suffisante.

Cet axiome peut s'appliquer aussi aux terrains fertiles et riches. lesquels, assez productifs au début, finissent par voir diminuer leurs produits et par suite la rémunération qu'ils doivent au travail, si à l'efficacité de celui-ci on n'ajoute pas d'autres éléments de fertilité.

On n'empêche pas l'appauvrissement des terrains si féconds qu'ils soient, en ramenant simplement à la surface, par des travaux fréquents, les couches qui gisent ensevelies et oisives.

Les prodiges des terrains vierges sont de peu de durée et ne se renouvellent point. Quand même on pulveriserait le sol comme le proposait l'anglais Jetrho-Tull, on n'arriverait, avec le travail seul, ni à conserver à la terre une puissance productive indéfinie, ni à la fertiliser quand elle est stérile.

La terre labourée profondément et bien triturée devient plus perméable à l'eau et à l'air ; elle absorbe dans l'atmosphère une plus grande quantité d'éléments nutritifs ; elle subit beaucoup mieux l'influence des agents naturels qui provoquent et aident les réactions chimiques qui doivent l'améliorer.

Mais l'expérience a démontré que les terrains labourés et auxquels on administre aucun engrais perdent vite leur fertilité et que le système de Tull, était une utopie pareille à celle des alchimistes qui cherchaient la pierre philosophale.

L'expérience a démontré, en outre, que les travaux appliqués aux terrains stériles ne valent guère plus que des saignées faites à un cadavre.

Ainsi, lorsqu'on dit que la *bêche a la pointe en or*, on veut dire simplement que son travail est beaucoup meilleur que celui de la pioche, qui par comparaison, *a la pointe en argent*; lorsqu'on dit que la charrue a le *soc en fer*, c'est pour exprimer que son labourage dispose mieux la terre à profiter des influences climatologiques.

Examinons maintenant une autre période de l'histoire de l'agriculture.

En voyant diminuer la production des terres assujetties à la culture, on supposa qu'elles avaient besoin de repos; ont cru, en même temps, que le soleil, l'air et tous les autres agents atmosphériques qui activent la végétation pouvaient ranimer les forces affaiblies du sol.

En effet, les populations, en augmentant, cessèrent la vie nomade, établirent des demeures stables et cultivèrent toujours le même terrain, en alternant la production et le repos.

Mais, malgré cela, la fécondité dont la terre avai fait preuve au début de la culture ne se conserva pas; on put retarder son appauvrissement final mais on ne put empêcher la diminution progressive des récoltes.

La raison en est simple, le fond nutritif du terrain n'est point inépuisable. Chaque récolte en consume une portion qui ne peut pas lui être rendue par le repos et ni lui être restituée intégralement par l'atmosphère. Ce qui fait que pour récolter il ne suffit pas de semer, il faut fumer, engraisser, etc, — et les terrains ne s'engraissent pas avec le soc seul de la charrue.

La sueur et les fatigues de l'homme ne remplacent pas non plus les engrais. Si l'homme ne sait pas rendre autrement efficace son travail, il tombera épuisé sur le sol qui lui refusera son pain.

La loi immuable de la nature est celle-ci : *Pour la continuité de la production il est indispensable de faire retourner à la terre les matériaux qu'elle a employés à des productions antérieures.*

L'importance de cette loi est telle que les destinées de l'humanité en dépendent. Son application augmente l'aisance, la prospérité et la force des individus et des nations; sa transgression conduit les uns et les autres à une ruine inévitable.

Rome dépouille brutalement les pays conquis;

elle accable d'impôts les propriétés foncières ; elle accumule dans ses murs d'énormes richesses, — mais elle ne tarde pas à récolter les fruits de la désolation qu'elle a semés autour d'elle.

Le colon libre disparaît, le paysan se retire dans la ville, les produits de la terre ne suffisent plus à nourrir les populations, quoique le nombre en soit considérablement diminué. En peu de temps la situation devint tellement grave qu'aucun génie ne fut assez puissant pour sauver l'Empire romain qui s'écroulait de toutes parts.

Quel contraste entre l'ancienne végétation des terres du Samnium et de la campagne romaine et l'abandon dans lequel elles se trouvent actuellement !

Quelle différence entre les terres Pontines, si fertiles et si peuplées par les Latins, et les marécages d'aujourd'hui, tristes, déserts et malsains.

En Espagne, les mêmes causes ont produits les mêmes effets. Là aussi un système de culture imprévoyant et dévastateur a détruit la fertilité du sol ; la population diminuée en même temps que les moyens d'existence. Les terres de l'Andalousie qui, d'après Tite-Live et Strabon, produisaient le centuple des semences, donnent à peine aujourd'hui une récolte tous les trois ans ! Cordoue et Grenade qui étaient autrefois capitales de royaumes, avec des populations de plus d'un million d'hommes, sont aujourd'hui des villes de quelques milliers d'habitants.

Pour obéir à la loi de restitution ordonnée par la nature, on commença par déposer dans la terre les engrais obtenus au moyen des prairies et des pâturages naturels ; au système de labourage pur, vint s'adjoindre l'élevage du bétail. On alterna la culture des plantes de nature diverse sur les terrains labourables ; on inaugura enfin un système plus rationnel que celui qui avait pour base unique la culture du blé.

Mais, semblable à celui dont les dépenses sont supérieures aux rentes, la terre continua à diminuer son rendement.

La nécessité des engrais s'accentuait au fur et à mesure que devenait plus pressant le besoin de pourvoir à la nourriture des populations considérablement augmentées.

Sachant déjà par expérience que les lois naturelles ne peuvent être impunément dédaignées, le cultivateur se soumit à leur empire. Pour se procurer une plus forte quantité d'engrais, il améliora les prairies à végétation naturelle, restreignit les terres labourables pour faire place aux fourrages. Sur ces terres, il alterna encore la culture des céréales, qui procurent les aliments humains, avec les plantes à fourrages, productrices des engrais.

C'est là la période agricole de notre siècle qui se ressent encore de l'ignorance funeste des temps anciens ; néanmoins notre siècle a commencé à établir les bases d'une agriculture nouvelle, fondée sur la loi de restitution complète à la terre, sous forme d'engrais, de tout ce qu'elle fournit sous formes de récoltes.

L'agriculture actuelle nous représente une bataille entre deux grandes nécessités inévitables, et qui sont en antagonisme apparent. Je veux parler de l'alimentation de la famille humaine toujours croissante, et l'alimentation de la terre, déjà trop affaiblie par un système de culture imprudent et imprévoyant.

Pour satisfaire à la première de ces nécessités, on continue la culture des céréales sur une étendue trop vaste, et portant nuisible à la production même de ces céréales ainsi qu'à l'économie générale de l'exploitation du sol.

Pour satisfaire, au moins partiellement, à la seconde, on continue la jachère (il maggese) ; on fait des travaux très soignés ; on améliore les prairies stables : on alterne les cultures des céréales avec des prairies temporaires de plantes légumineuses ; on multiplie les bestiaux et on accroît leurs produits, en les laissant constamment aux écuries.

Voilà l'agriculture de notre pays, de cette partie du moins, où après avoir abandonné les assolements (avvicendamenti) vicieux, sans fourrages, on a établi la variété des récoltes comme base de la prospérité de l'industrie agricole.

Telle qu'elle est aujourd'hui, l'agriculture, pressée par les besoins de l'homme et de la terre, dépourvue des moyens d'action suffisants pour les satisfaire, s'épuise pour répondre de son mieux aux nécessités du jour sans se préoccuper de l'avenir.

Observez, en effet, l'usage qu'elle fait des engrais, qui sont, comme il a été dit, les matières premières des récoltes, et le premier facteur de la fertilisation de la terre.

L'agriculteur ne se propose point pour but, ce qui pourtant serait son intérêt véritable, d'améliorer progressivement la terre en y déposant un capital de fertilité qui ranimerait sa force et la préparerait à une production future plus abondante.

On ne vise qu'aux belles récoltes, et l'on ne donne au terrain que la quantité d'engrais nécessaire pour les obtenir. Bien souvent même, on lui en donne moins que cette quantité, mais dans un état de décomposition assez avancée pour que les plantes puissent l'utiliser immédiatement, comme si l'on craignait de voir perdre la partie de l'engrais qui resterait indécomposée et ne serait pas utilisée par la plante.

Ce n'est pas seulement là que réside le mal. Le manque d'engrais dont on se plaint partout, pousse à des pratiques répudiées par la bonne économie. On éparpille le fumier sur de très grandes surfaces. L'expérience démontre qu'il y a au contraire avantage à le concentrer, car quelques pièces de terrain bien engraissées donnent plus de produits que d'autres plus vastes, mais mal pourvus de matières fertilisantes.

On cherche à compenser la pauvreté des fumures par leur renouvellement fréquent sur chaque pièce de terre, quand sous tous les rapports, les fumures les plus fortes sont les plus utiles, répétées à des intervalles plus longs, surtout si on a soin de les faire coïncider avec les grands labours qui facilitent la bonne incorporation du fumier dans la terre.

On circonscrit la [...] à l'endroit du champ
où les racines doiv[...]ser. Le cultivateur de
fèves, de pommes [...] etc., trace un sillon
dans lequel il dép[...]er ; ou bien, considérant comme une [...] superflue la fumure
complète du sol, i[...] trou avec la pioche
et y laisse tomber [...] de de fumier et une
graine de semenc[...]

En résumé, cet[...] qui prodigue si
largement les tr[...] terre, et qui leur
administre les eng[...]utillons, n'a jamais
eu le souci du l[...] compte sur celui
qui doit y pourv[...]

L'agriculture ai[...] n'arrivera jamais
à donner aux culti[...]nce suffisante pour
réjouir la table de [...] une livre de bœuf
une fois par sema[...]

Comment peut-[...] avec le manque de
fumure augment[...] agricole ? Nous
avons constaté l[...]ent des terrains
fertiles auxquels [...] toujours de produire sans jamais l[...]er. Qu'adviendra-
t-il de nos terr[...]sées, si, excitées
d'avantage par le[...]ffisamment aidées
par les engrais, [...] à donner plus
qu'elles ne reçoiv[...]

Quelle sera, à [...]ration du travail ;
quelles seront l[...]éonomiques des
populations qui d[...]in à la terre ?

Le blé doit pro[...]ix fois la semence
pour que les fra[...]ent remboursés.
Or, quelles sont [...] vec notre jachère
(maggese) donne[...] dont la moyenne

soit supérieure à six fois la semence ? Où est le bénéfice de la culture ? Comment pourvoit-on au besoin si pressant du pain ?

Voilà la situation de l'industrie rurale dans la Grèce, dans l'Espagne et en Italie, régions riches de dons naturels, et célèbres — dans les temps anciens — par leur grande fertilité.

Buffon a dit très justement que : *A côté d'un pain naît un homme. (Accanto a un pane nasce un uomo)* ; — malheureusement, à côté d'un homme qui naît, il ne sortira plus désormais de de la terre le pain qui doit le nourrir, si l'industrie ne vient pas avec sagesse en assurer la production.

L'usage habituel d'augmenter l'étendue de la *plante qui fait le blé, (pianta che fa il grano)*, n'est pas suffisant, si la terre manque des matériaux nécessaires à la végétation du grain.

L'Ecosse et l'Irlande en sont un exemple bien triste. Afin de faire face aux exigences d'une population excessivement accrue, on détruisit peu à peu les forêts pour cultiver les pommes de terre ; on diminua à l'étendue des pâturages pour agrandir les champs, on chassa les animaux pour faire de la place aux hommes. Mais la misère, la famine, les maladies obligèrent ensuite les hommes à s'exiler du sol natal, devenu impuissant à les nourrir.

Ces pays reprirent leur état normal, les broussailles et les ronces retournèrent aux forêts, les vallées aux pâturages et les animaux prirent de nouveau la place des hommes.

De cette manière l'œuvre de la jachère et des engrais, créera de nouveau la fertilité du sol et rappellera les enfants des émigrés de l'Irlande et de l'Ecosse aux pays de leurs aïeux.

Un même sort est réservé à toutes les nations qui ne se soumettront point à la loi de restitution décrétée par la nature comme condition indispensable et absolue de la continuité d'une production rémunératrice.

Cette pensée donne à réfléchir sérieusement à tous ceux qui se préoccupent de la situation économique des peuples de l'Europe, — et voient une menace terrible dans les symptômes d'appauvrissement que la terre commence à présenter.

Malthus, épouvanté voyant le sol perdre de sa fertilité, voyant les récoltes diminuer, les sources de production se déssécher, les populations s'accroître considérablement, ne trouva pas d'autres remèdes pour reconstituer l'équilibre social ébranlé que les fléaux de la guerre, de l'épidémie et de la famine !

Le mal pourtant ne datait pas de son temps ; et même aujourd'hui il n'est pas arrivé au point de nécessiter l'application de moyens aussi extrêmes.

Le sol affaibli par un système de culture aussi inexpérimenté qu'aveugle, possédait néanmoins un fond de richesse suffisant aux besoins des populations croissantes. On pouvait, par des rémunérations plus larges, retenir les bras qui commençaient à l'abandonner et reprendre ceux qu'un salaire plus élevé avait attiré aux centres des manufactures et du commerce. On pouvait en un mot changer la situation de l'agriculture et transformer ce système de culture rapace et dévastateur, en un système créateur de nouvelles richesses et plus conforme aux lois naturelles.

Faire naître deux épis de blé à la place d'un seul, faire germer deux fils d'herbe là où un seul croissait, voilà le double but qu'on devait se proposer.

La voie qu'il fallait suivre pour arriver à la solution de ce problème économico-social, vous la verrez tracée en partie, Messieurs, dans les travaux entrepris par deux professeurs éminents de notre époque : Mathieu de Dombasle et Auguste Bella.

Le premier loue en 1823, la ferme de Roville, dans la Lorraine, d'une contenance de 190 hectares sur un capital disponible de 45,000 francs, il emploie 3,000 francs à une fabrique d'instruments aratoires et 10,000 francs à la création d'une distillerie. Il ne se réserve donc, pour la culture du sol, que 32,000 francs, c'est-à-dire 168 francs par hectare de terrain.

Avec des moyens aussi exigus, il veut accroître la production de cette ferme ; il se propose d'y faire vivre une tête de gros bétail par hectare de terrain, nombre qu'il a jugé suffisant pour la fumure régulière de ses terres. Il fonde son plus grand espoir sur l'efficacité des labours profonds et sur l'amélioration générale des instruments et des travaux.

En effet, comme l'a fait remarquer Lecouteux, rien ne manqua à son entreprise sous le rapport mécanique ; mais il n'en fut pas de même pour les engrais. Ceux-ci furent toujours au-dessous de l'activité imprimée aux cultures par les travaux des animaux et du personnel. La ferme de Roville fut comme une grande officine dont les moyens mécaniques sont au grand complet et à laquelle manquent des matières premières.

Que pouvait-il alors arriver à Dombasle, sinon se débattre dans de vains efforts, et ne retirer d'un matériel coûteux, qu'une partie seulement de la valeur des travaux exécutés ?

En un mot, il fut forcé de produire à des prix de revient très élevés. Les récoltes de Roville furent toujours bien modestes. Le produit moyen du blé, après six années d'essais, et jusqu'à 1835, fut bien peu supérieur à 14 hectolitres par hectare.

Cet excellent esprit, qui discuta les plus grands problèmes de l'agriculture, qui donna à l'industrie de bons livres et de bons outils, qui introduisit la comptabilité agricole en partie double, qui forma des élèves digne de lui ; — ce praticien qui avait l'habitude de dire à tout moment : *le but principal de l'industrie agraire doit être de se procurer des fourrages, puis des fourrages et toujours des fourrages, pour avoir du fumier, puis du fumier et toujours du fumier ;* — Dombasle, dis-je, arrivé au terme de sa carrière, reconnut et déclara franchement que l'échec relatif de son entreprise venait de ce qu'il avait trop demandé à la terre en ne lui restituant que fort peu

Instruit par l'expérience de Dombasle, Auguste Bella a suivi d'autres principes.

L'amélioration du sol, dit-il, est la base et le fondement le plus certain de la production agricole à bon marché.

Cette amélioration doit s'obtenir au moyen des deux facteurs de la fertilisation : le travail et

l'engrais, coordonnés e[...]ux de telle façon que
le premier ne précède p[...]second, mais qu'il le
suive pas à pas. Pour [...] il faut, avant tout
nourrir et loger bon nom[...]animaux afin d'être
en mesure de faire aux [...]s les avances nécessaires.

Pour mettre en prati[...] idées, Bella, après
avoir constitué une soci[...] commandite, loua,
pour l'espace de [...]nnées, la ferme de
Grignon d'une conten[...] 280 hectares, avec
un capital disponible d[...] francs par hectare
de terrain, il commen[...] saturer la terre de
travaux et d'engrais. [...] démontrer qu'en
augmentant le capital [...]té au fond du sol,
on prépare une plus [...] production, et par
suite un bon marché [...] pour le producteur.

Pour atteindre ce [...]mploya presque le
tiers des capitaux à [...] bestiaux, et destina
les 6/11 de la ferme à [...]ture des fourrages.
C'est ainsi qu'à Grignon [...]on ne récoltait auparavant que 11 à 14 [...]s de blé par hectare,
on en retire aujourd'hui [...] de 30. La production
du blé, qui revenait à [...]es l'hectolitre, coûte
à présent, un peu moins [...] francs. Les terrains
qui étaient affaiblis et [...] productifs, donnent
aujourd'hui de beaux b[...]aux actionnaires.

Le problème d'une [...]dante production a
donc été pratiquement [...]au moyen des grandes
fumures associées aux [...]ux utiles et efficaces.

Il a été résolu par le [...]que le vieux Caton
indiquait aux cultiva[...]mains quand il leur
disait: *Bien travailler la [...] est une bonne chose;*
les fumiers bons et abonda[...] c'est encore meilleur,

— mais travaux et fumiers réunis sont une chose très excellente. (*Essere buona cosa il lavorare bene, migliore il concimare assai, ottimo far l'uno e l'altro*).

Voilà le secret, au moyen duquel les cultivateurs de la Flandre et de l'Angleterre ont porté la production moyenne du blé à plus de 30 hectolitres par hectare. En effet, c'est là que se sont perfectionnés les instruments pour toutes sortes de travaux champêtres. Ces instruments augmentaient en même temps la quantité des capitaux dont on faisait les avances à la terre pour l'obliger à donner une production plus abondante.

On ajouta alors au fumier les engrais complémentaires, notamment les os pulvérisés et le guano.

L'importation des os en Angleterre commença vers la fin du siècle dernier ; aujourd'hui encore, cette importation est en moyenne de 1 400 000 quinteaux par an.

L'importation du guano commença vers 1841 ; à partir de cette année jusqu'en 1855, il est sorti du Pérou 30 millions de quinteaux de guano. Dans la seule année 1859, l'importation du guano, en Angleterre, a été de 5,720,000 quinteaux.

Aucune contrée de l'Europe et du monde entier n'appliquera plus rationnellement que la Chine et le Japon le principe des grandes fumures.

Demandez à tous ceux qui vont dans l'extrême Orient faire des provisions de vers-à-soie, ils vous diront que, dans ces régions, la fertilité de la terre n'est pas due simplement à des causes naturelles, mais surtout à l'œuvre intelligente de ceux qui la cultivent.

On vous dira plusieurs autres choses qui justifieront presque l'appellation de *barbare* donnée par les Japonais à l'homme civilisé qui habite l'Europe.

Nous commençons bien aujourd'hui à être plus prodigue envers la terre. Mais ce qui nous pousse à cette libéralité, c'est une nécessité fatale et inévitable, tandis que pour le Japonais, la libéralité envers la terre est un principe indiscutable, une règle suivie de tout temps, un enseignement qui se transmet de père en fils, sans livre et sans école. En un mot, enfin, c'est la base fondamentale de système de culture.

Notre libéralité, au contraire, tout bien considérée, est plus apparente que réelle, parce que nous n'avons pas encore abandonné cette prétention de vouloir que la terre nous donne plus que nous ne lui donnons.

Le Japonais restitue complétement au sol tous les matériaux nutritifs que la récolte lui enlève.

Il ne retire de la terre que l'intérêt de sa puissance productive, sans toucher au capital en aucune façon.

Nous, pauvres en engrais, nous sommes les esclaves du terrain. Pour ne pas trop l'appauvrir nous alternons les cultures diverses. Nous avons recours à la jachère, (maggese) pour rétablir un peu ses forces productives.

Le Japonais, riche en engrais, dirige le terrain à son gré. Il ne sait pas ce que c'est qu'un assolement (avvicendamento : il cultive ce qu'il croit le plus utile, en faisant succéder les engrais aux engrais.

Le champ, qui est aujourd'hui couvert de belles moissons, est huit jours après semé de riz, de chanvre, de pommes de terre et de blé noir.

A peine le terrain est-il défriché, nous nous empressons de le saigner, de l'affaiblir par trois ou quatre récoltes successives ; nous ne l'engraissons que quand il a cessé de produire.

Le Japonais ne cultive jamais un terrain, qu'il soit vieux ou nouveau, s'il n'a pas l'engrais nécessaire. Il ne défriche jamais les terres qu'en proportion des moyens disponibles pour les bien cultiver. Loin de dépouiller le terrain vierge de sa fécondité naturelle, il s'applique au contraire tout de suite à la lui conserver, en établissant l'équilibre entre ce qu'il lui donne et ce qu'il en retire.

Mais le plus merveilleux, ce qui paraît à peine croyable c'est que le Japonais pourvoit à tous les besoins de la terre et des plantes, *tout seul*, sans l'aide des machines perfectionnées, sans le secours des animaux, choses qui nous sont toutes indispensables pour notre exploitation agricole.

Le Japonais ne possède ni prairie, ni bétail, parce que sa religion lui défend de se nourrir de viande ou autres produits d'animaux.

Les terres, qui appartiennent aux princes et seigneurs, sont divisées en petits lots et données en location à la classe des cultivateurs. Les lots de terrain sont ensuite coupés et divisés en plates-bandes par des petits canaux propres à l'irrigation, de manière qu'aucune grande machine n'y pourrait fonctionner, ni aucun animal n'y pourrait travailler.

Au Japon c'est l'homme qui est le seul laboureur de la terre et le seul producteur de l'engrais. Par la seule ressource de son propre travail, auquel il s'applique soigneusement, et de ses excréments qu'il recueille, qu'il prépare et qu'il conserve, et dont il se sert avec discernement, il obtient cette fertilité, cette abondance de produits que nous pourrions peut-être atteindre si nous suivions une meilleure voie ; mais jamais nous ne pourrions surpasser les Japonais dans leurs résultats.

Qu'il suffise de dire que, tandis que la Grande-Bretagne, avec son équipement de faucheuses, de semoirs et de charrues à vapeur, avec ses fourrages, ses herbes et ses tubercules, avec ses propres engrais et ceux importés, ne peut pas nourrir ses vingt-neuf millions d'habitants — le Japon, avec un sol montueux et seulement cultivable à moitié, sans prairies, sans bestiaux et sans importation de guano, ni d'os pulvérisés, pourvoit suffisamment aux besoins de ses habitants qui à superficie égale, sont plus nombreux que dans la Grande-Bretagne. En outre, depuis que ses ports sont ouverts au commerce, il exporte tous les ans une quantité assez notable, de denrées alimentaires. (1)

Combien n'y a-t-il pas à apprendre et à imiter dans l'agriculture de l'Asie Orientale, malgré la différence des conditions économiques, sociales et agronomiques de ces pays avec les nôtres !

(1) — Voir pour plus amples renseignements sur l'agriculture du Japon, le rapport fait au Ministre de l'Agriculture sur l'expédition Prussienne dans l'Asie Orientale. *Annales de l'Agriculture de la Prusse*, fascicule de janvier 1862, ou *Les lois naturelles de l'Agriculture*, par Liebig.

En recueillant les excréments des animaux qui ne se nourrissent que d'herbes, et en négligeant ceux de l'homme, qui se nourrit de viande et de denrées de toute sorte, en ayant la prétention de vouloir que la terre continue à nous donner la nourriture, et qu'elle augmente au fur et à mesure que la grande famille humaine s'accroît, nous semblons ignorer les lois naturelles qui régissent le développement de cette famille.

« Magna parens frugum saturnia tellus. »

En important le guano de l'Amérique au lieu de nous servir des matières efficaces et à meilleur marché que nous avons chez-nous, nous faisons preuve d'ignorance et d'incurie ; nous méconnaissons les principes de l'économie rurale.

Enfin, négliger les matières fécales, c'est transgresser la loi naturelle qui impose à l'homme de veiller au maintien des conditions nécessaires à son existence. Ce manque de respect à la loi pourrait bien être puni, dans un avenir plus ou moins rapproché, par l'application des remèdes radicaux indiqués par Malthus, et répétés par Liebig, pour rétablir l'équilibre dérangé entre les populations et les moyens d'existence. Souhaitons que ce temps de disette, de famine, de peste, de guerres et d'émigrations ne revienne plus, ou pour mieux dire, souhaitons et tâchons qu'il n'arrive jamais.

Il dépend de nous de nous en préserver par un meilleur emploi de nos ressources, et par l'apport de capitaux plus considérables à l'industrie agraire.

Rappelons-nous que l'amélioration du sol est le régulateur de la production rurale.

On peut parfaitement considérer les capitaux consacrés à la terre en travaux et en engrais comme étant déposés dans une caisse d'épargne où les intérêts augmentent toujours. L'engrais, qui produit 1 pour cent dans un terrain maigre, donne 2 dans un terrain médiocre et 3 quand les terres sont excellentes. Par conséquent l'amélioration du sol est la base la plus sûre pour le placement des capitaux.

Il n'y a pas de terrain qui ne puisse être amélioré ; il n'y a pas de propriétaire qui ne puisse améliorer son terrain avec le temps, s'il manque de capitaux.

Le petit cultivateur doit s'appliquer à ne point épuiser le peu de fertilité des sols maigres : s'il ne peut les engraisser il doit les aider par la jachère, maggèse, les labours soignés, etc. Le temps, c'est-à-dire l'épargne et l'accumulation des forces productives du terrain, donnera à celui-ci la fertilité que les capitaux auraient improvisé en les saturant d'engrais et de travaux.

Le grand propriétaire doit administrer avec prudence les terrains maigres et concentrer, sans crainte, ses capitaux sur les meilleurs. Ces derniers payent ponctuellement et largement les intérêts des capitaux qu'ils reçoivent ; leur production, qui demeure constante, atteint le maximum en peu de temps.

Pour mettre en pratique ces conseils, chaque cultivateur doit s'appliquer avec diligence à accroître la masse de ses engrais et à les améliorer. On ne doit rien négliger, ni rien perdre de ce qui peut fertiliser le sol. Il faut baser surtout la future prospérité de l'industrie agricole sur les fourrages en tenant compte des conditions des terrains et de leur mode de culture.

Sully disait aux cultivateurs de la France :

« *Travaux et pâturages font la prospérité de l'agriculture et la richesse de l'Etat.* »

Trois siècles presque se sont écoulés depuis, et l'axiome du grand ministre de Henri IV reste non seulement vrai, mais il est de plus en plus opportun.

Répétons aussi le précepte de Bugeault :

Le terrain ne donne rien si l'on n'y fait rien ; si tu veux en retirer profit, fais des prairies et tu auras du blé.

En suivant ces principes, nous améliorerons la terre, qui nous le rendra en bien-être ; car, l'art de la culture, pratiqué suivant les lois naturelles et les enseignements de la science, relève la situation de celui qui l'exerce, tant au point de vue économique qu'au point de vue moral.

SEPTIÈME CONFÉRENCE

Sommaire : Examen analytique des conditions actuelles de l'agriculture en Italie. — Infériorité de la production en céréales, fourrages et bestiaux. — Trop grande étendue des terres labourables. — Abus du glanage et de la jachère. — Assolements dévastateurs. — Remèdes. — Imperfection des instruments et des travaux agricoles. — Mauvais usage de prairies et des pâturages. — Mauvais emploi de l'irrigation et du fumier. — La sériciculture et la viniculture. — L'agriculture Anglaise et l'agriculture Belge. — Nécessité d'augmenter les forces productives du pays. — Le premier obstacle du perfectionnement de l'industrie agricole est l'ignorance des cultivateurs. — Nécessité de provoquer ce perfectionnement et d'instruire la classe rurale.

Dans les précédentes conférences j'ai donné pour base aux notions d'économie rurale que j'ai développées un principe unique ; j'ai dit que de l'application de ce principe dépendaient le progrès et la prospérité de l'agriculture.

— « Pour accroître la production et obtenir en peu de temps, avec des frais relativement minimes, le plus de produits possible, il faut nécessairement augmenter la fertilité du sol, — c'est-à-dire augmenter la quantité des engrais et en perfectionner la qualité ».

Ce principe presque aussi ancien que l'art de cultiver la terre, toujours vrai et toujours nouveau, est vivement recommandé par les auteurs de l'antiquité qui ont écrit sur l'agriculture. Vous pouvez le lire dans les œuvres modernes, et vous l'entendrez exprimer par les cultivateurs avisés dans ce dicton laconique : *Qui a du fourrage a du pain.*

Ce principe est encore contenu dans l'axiome qui limite l'étendue relative de l'habitation, du champ et de la prairie, et qui dit : *Tout ce que ta vue embrasse n'est rien que prairie. (Prato quanto vedi.)*

Pour bien démontrer l'importance d'un tel principe, je vous ai exposé d'abord les analogies et les différences que présente l'industrie agricole avec l'industrie manufacturière.

Après avoir reconnu la nécessité des capitaux, je me suis appliqué à vous démontrer que leur application au terrain devait se faire sous les deux formes principales de travaux et d'engrais.

En m'appuyant sur les résultats de l'expérience et sur les faits les plus remarquables de l'histoire de l'agriculture, je vous ai affirmé que les travaux seuls, sans le secours des engrais étaient impuissants à accroître la production agricole ; tandis que, l'accord rationnel de ces deux moyens d'action augmente les produits tout en diminuant les frais, et fait élever par conséquent le taux de la rente nette du sol.

Je vous ai signalé l'appauvrissement rapide des terres américaines, ruinées par une culture épuisante et rapace.

Je vous ai rappelé l'épisode funeste de l'émigration des cultivateurs de l'Ecosse et de l'Irlande, lesquels furent forcés de céder la place aux animaux pour redonner la fertilité à leurs terres devenues rebelles à la culture du blé.

Je vous ai dit que la ferme de Roville, riche en travaux, et pauvre en engrais, quoique dirigée par ce célèbre agronome qui s'appelait Dombasle, resta ce qu'elle était : une vaste manufacture, largement pourvue de moyens mécaniques, mais manquant de matières premières, — et par conséquent donnant peu de produits.

Les terrains de Grignon, au contraire, maigres et presque stériles, après avoir été saturés de travaux et d'engrais par Bella, accrûrent leur production de blé. De 11 hectolitres qu'ils donnaient à l'hectare, ils arrivèrent jusqu'à 30 hectolitres, en diminuant ainsi le prix de revient de 3 francs par hectolitre.

J'ai ajouté enfin que c'est aux bons travailleurs, aux bons travaux, mais surtout au fumures abondantes que l'agriculture anglaise doit sa supériorité actuelle et que ces mêmes causes ont valu à l'agriculture japonaise son ancienne et constante prospérité.

Je prendrais, messieurs, volontiers congé de vous, et je n'ajouterais plus rien, après tout ce que j'ai dit, si le but de ces conférences ne m'imposait l'obligation d'examiner avec vous les conditions de notre agriculture ; vérifier avec vous si tous les conseils que donne la science ont été mis en pratique, et de voir si le principe de la fertilisation des terres est traduit en fait aussi bien qu'il est accepté en théorie.

J'ai dit que je me serais tû volontiers si j'avais pu, parce que ma parole ne peut être qu'un cri lamentable sur les conditions malheureuses de notre agriculture.

A tous ceux qui croient que l'Italie est encore, comme par le passé, le jardin de l'Europe, je dois dire que l'Italie ne peut plus se suffire ; à tous ceux qui la supposent encore en possession de la primauté que lui donna la nature et l'ancienne civilisation, je suis forcé d'apprendre que, tandis que chez les autres nations, dès le commencement de ce siècle, tout se perfectionnait au point de doubler et tripler la production rurale, à peine si nous faisions un pas ; de telle sorte qu'aujourd'hui, systèmes, instruments, usages, lois, presque tout, enfin, doit être modifié, corrigé, revu et même créé par nous, si nous désirons pourvoir aux besoins et au bien-être de notre pays.(1)

Si je parlais autrement, si je me montrais devant vous ami timide de la vérité, je ferais œuvre de mauvais citoyen.

La vérité avant tout, et que cette vérité nous excite à l'accomplissement d'œuvres meilleures.

Faisons un examen analytique des principales productions du pays ; commençons par les

(1) Ainsi que je l'ai fait observer dans l'avant-propos, ces conférences ayant été faites il y a vingt ans, c'est-à-dire à une époque où la science agricole était en Italie encore dans l'enfance, les chiffres ci-dessus ne peuvent pas être considérés comme normaux. Il existe aujourd'hui une différence assez sensible en faveur du progrès ; la statistique donne, en effet, une plus value approximative d'environ 1/6.

produits qui sont la base de l'alimentation, c'est-
à-dire les céréales.

Presque la moitié du sol cultivé de la péninsule
est consacré aux céréales. Sur à peu près 30
millions d'hectares , 14 millions et demi sont
réservés à leur culture, soit seules, soit associées
aux vignes. Pourtant, le produit qu'on en retire
ne suffit pas, en moyenne, à pourvoir aux besoins
du pays.

En effet, la production totale des céréales, —
blés, maïs, riz, seigle, etc., — est estimée à
80 millions d'hectolitres environ. Il faut ajouter
à cela presque 25 millions d'hectolitres d'autres
produits divers — légumes secs, pommes de
terre, etc., — qui servent aussi à l'alimentation
et qui équivalent à peu près à 15 millions d'hectolitres de céréales. Nous avons donc en tout un
produit d'environ 95 millions d'hectolitres.

Cette production est insuffisante aux besoins
de l'ensemencement, de l'alimentation et de la
consommation industrielle.

L'importation des céréales qui nous viennent
de l'étranger est supérieure d'un million et demi
d'hectolitres à l'exportation que l'on fait de notre
pays pour le dehors.

Cette différence, messieurs, représente un
capital en or qui tous les ans sort de chez nous
sans être aucunement remplacé par d'autres voies.

Pourtant il ne serait pas bien difficile de faire
changer en plus, la différence actuelle que nous
avons en moins entre l'exportation et l'importation. Il suffirait d'introduire quelques améliorations dans le mode de culture des céréales, en

suivant l'exemple de la France, de l'Angleterre et de la Belgique,

Tous ces pays, qui, il y a cinquante ans, étaient inférieurs au nôtre pour la production des céréales, nous dépassent considérablement aujourd'hui. Au siècle dernier, ils ne récoltaient guère plus de 10 hectolitres de blé par hectare ; ils en récoltent de nos jours, en moyenne, de 15 à 30 hectolitres, et même plus.

Si notre production pouvait égaler celle de la France qui est de 15 hectolitres, (celle de l'Allemagne est de 20, celle de la Belgique de 25 et celle de l'Angleterre de 32), nous suffirions largement à toutes les nécessités de notre pays ; et nous pourrions exporter annuellement un peu plus d'un million d'hectolitres de céréales.

Mais nous nous contentons d'un produit égal à celui que l'on retirait de nos terres, il y a cent ans, c'est-à-dire, 10 à 12 hectolitres par hectare et nous tirons de l'étranger la quantité de céréales qui nous manque pour suffire à l'alimentation de nos populations.

A cette seule fin, l'année 1864 a vu partir pour l'étranger 170 millions en or !

Ce n'est pas sans raison que j'ai tenu à examiner avant tout la production des céréales. J'ai voulu vous mettre immédiatement sous les yeux un des vices principaux de notre agriculture, c'est-à-dire la trop grande extension que nous avons donnée à la culture de ces plantes alimentaires.

En voulant trop accorder aux aliments de l'homme et pas assez à ceux des animaux, il arrive que la nourriture tant à ceux-ci qu'à ceux-là, par la raison bien simple que, manquant de prairies, on manque naturellement de bestiaux, et par suite d'engrais nécessaires aux céréales.

Demandez à un bon cultivateur quelle proportion il doit y avoir, dans une ferme bien dirigée, entre les terres labourables et les prairies ; il vous répondra que les prairies doivent occuper au moins le tiers de la superficie ; il ajoutera qu'il y aurait avantage à diviser le terrain cultivable en deux portions égales, moitié champs, moitié prairies, pour avoir ainsi plus d'engrais, portant plus de produits.

La statistique italienne donne aux prairies permanentes et temporaires, une superficie de 1.389,000 hectares, ce qui constitue, à peu près la neuvième partie du terrain cultivable.

Il est vrai, que dans certaines contrées de l'Italie, les terres sont rebelles à la culture du fourrage ; mais en tenant compte de ces empêchements naturels, on peut néanmoins affirmer que nous avons trop de champs et pas assez de prairies.

Vous savez que manque de prairies veut dire manque de bestiaux, de travail, d'engrais, de viande, de pain, enfin, en un mot, manque de prairies veut dire manque de tout.

A l'étranger, cette différence, entre l'étendue des prairies et celles des terrains exclusivement réservés aux autres cultures, est de beaucoup moindre ; par cette répartition mieux établie, on obtient une production générale plus abondante.

Pour ne pas parler d'autres pays où l'agriculture est florissante, citons la France, où les prairies, permanentes et temporaires, égalent en superficie à peu près le tiers du sol destiné aux autres cultures.

On compte en France un nombre de gros animaux domestiques double de celui que possède l'Italie; et cependant ce nombre ne suffit pas encore aux besoins de l'agriculture française.

Chez nous, le nombre des animaux domestiques mis au service de l'agriculture correspond, — d'après les statistiques officielles, — à peu près à 7 millions de têtes de gros bétail. Ce bétail fournit à peine le fumier nécessaire à autant d'hectares de terrain cultivé, en calculant que l'on doive administrer, à chaque hectare de terrain, au moins la quantité de fumier produit, dans le courant de l'année, par un animal.

Il faut remarquer, en outre. qu'on ne s'applique pas assez à améliorer nos races bovines indigènes, qui ne sont pas à dédaigner. Elles pourraient être utilement perfectionnées, si aux bons pâturages on joignait des soins d'élevage bien entendus, un choix raisonné des reproducteurs et du discernement dans leur accouplement.

Les Anglais transforment à volonté la forme, la taille et la nature de la race bovine, en la réduisant presque à la condition de machine productrice, selon qu'ils veulent en retirer du lait, de la viande ou de la force motrice. Ils modifient les races selon les localités, selon les fourrages, selon les climats, afin qu'après être appropriées aux conditions locales, elles puissent donner en moins de temps le plus fort produit.

Mais les races ne s'améliorent et ne se multiplient point sans que l'on améliore et l'on multiplie les fourrages.

Voilà le principe et la cause de la prospérité agricole de l'Angleterre ; voilà le fruit que cette nation laborieuse a su tirer des enseignements pratiques de Robert Bakewell, des Frères Colling, de Jonas Webb et de tant d'autres.

Que savons-nous en Italie, de cet art qui consiste dans l'amélioration et dans l'élévage des bestiaux ?

La disproportion que nous avons indiquée entre les champs et les prairies, entre la production végétale et la production animale, rend forcément imparfait et vicieux le système de culture des terrains destinés aux céréales.

En effet, comment cherche-t-on à concilier les exigences de l'alimentation humaine avec le manque d'engrais nécessaire à la reconstitution des forces productives du sol ? Par deux moyens qui, non-seulement, ne sont pas conseillés par la science, mais, qui, au contraire, sont condamnés par elle.

On pourvoit à l'alimentation au moyen du glaïnage (ristoppo), c'est-à-dire en cultivant successivement sur le même champ diverses qualités de céréales ; et l'on remédie à l'appauvrissement du terrain avec la jachère (maggese), c'est-à-dire en le laissant inactif pendant un an et quelques fois d'avantage.

Ces vieilles coutumes du moyen-âge qui, néanmoins, n'ont pas encore disparu de chez nous, tiennent à une fausse idée que le cultivateur se fait du terrain et de la plante. Il croit que la terre se fatigue en réalité par le travail continuel de production, de la même manière que se fatigue l'animal qu'on surcharge de besogne. Il déduit de là que la force productive perdue par le terrain ne peut lui être rendue autrement que par le repos.

Le cultivateur ne sait pas que la vraie machine qui travaille, que le véritable organisme qui opère, c'est la plante à laquelle le sol ne sert que de support, en même temps qu'il sert de dépôt et de laboratoire aux principes minéraux et organiques que la plante transforme, au moyen des forces naturelles, en substance propre.

Les plantes produisent donc d'autant plus que le climat leur est plus favorable et qu'elles trouvent dans la terre toute la nourriture qui leur est nécessaire.

Chaque plante demande au terrain une nourriture de qualité et en quantité différentes de celles qui peuvent convenir à une autre plante. Il en résulte naturellement que la culture successive d'une plante affaiblit le terrain et le déposséde tellement de certains principes, que la continuation de cette même culture devient impossible, si le terrain n'acquiert pas de nouveau sa vertu productive, c'est-à dire, si on ne lui restitue pas les éléments qui en on été extraits.

Cela n'empêche pas la possibilité des cultures diverses ; celles-ci, au contraire, peuvent parfaitement réussir, si elles demandent aux terrains des principes que les cultures précédentes ne lui ont point enlevés.

De ces simples considérations il ressort que le principe fondamental de l'agriculture moderne c'est l'assolement (avvicendamento) et la rotation des cultures. Le premier qui a traité ce sujet est un auteur italien : Camille Torello.

Ce principe, que le plus grand nombre de nos cultivateurs ignorent, est seulement et sagement appliqué dans certaines provinces Lombardes.

Voilà donc condamnés par la science, je dirai même par le bon sens, l'usage du glainage et implicitement celui de la jachère.

Ces systèmes, après tout, sont condamnés par leurs propres résultats. En effet, quelle est la récolte que donne dans l'espace de trois ans un terrain ensemencé de blé pendant deux années consécutives, et livré à la jachère pendant la troisième année ? Douze ou quinze hectolitres de blé par hectare, la première année ; sept ou huit la seconde et rien la troisième.

Ces produits peuvent-il suffire à payer les impôts, les engrais et les travaux ? Peuvent-ils suffire à payer le loyer ou l'intérêt de la valeur du terrain ?

On ne peut pas juger autrement l'assolement existant dans certaines régions du maïs et du blé, auxquels la jachère fait suite.

Ces assolements sont appelés très justement appauvrissants par ce qu'ils ont pour base la production des céréales au lieu de celle des fourrages.

La diminution toujours croissante de cette production, démontre que la jachère et les travaux qui l'accompagnent, ne peuvent pas suffisamment restaurer les terrains épuisés parla culture successive de plantes voraces.

Il est vrai que la jachère complète est un moyen efficace et énergique pour bien préparer les terrains, pour en extirper le chiendent, l'avoine sauvage et autres mauvaises herbes ; c'est un bon moyen pour hâter la maturation du sol.

Mais il n'est pas moins vrai que, ne pouvant rétablir complètement la fertilité du terrain, épuisé par les céréales, il est encore improductif par lui-même ; il empêche la multiplication des bestiaux, perpétue la pénurie d'engrais et devient conséquemment un obstacle très grave à l'amélioration de l'agriculture nationale.

C'est pour cela que la jachère complète, utile et nécessaire dans certaines conditions exceptionnelles, comme moyen temporaire, pour la bonne préparation du terrain, doit être bannie et repoussée comme moyen permanent de culture.

Nous pouvons du reste obtenir, non seulement les mêmes avantages de maturation et de nettoyage qui résultent de la jachère mais en obtenir davantage sans rester soumis aux préjudices qu'elle cause.

Qu'on lui substitue les prairies temporaires de luzerne et autres plantes légumineuses, comme cela se pratique déjà dans beaucoup d'endroits de la Haute-Italie, et la fertilité du sol sera, par ce système, mieux rétablie et beaucoup plus constante. Ces plantes le féconderont par les substances utiles qu'elles retireront de l'atmosphère et qu'elles lui céderont ensuite.

Mieux encore, ces plantes étant un aliment excellent pour les bestiaux, augmentent la production, et conséquemment la production même des céréales.

Une des propriétés appréciables des plantes légumineuses, qu'il ne faut pas oublier, — et qui nous montre l'avantage qu'on trouve, à donner à leur culture une grande extension, — c'est celle de s'accommoder de toutes sortes de climats, et de toute nature de terrain ; ces plantes végétent même dans les sites privés des avantages de l'irrigation.

Que l'on supprime la jachère comme moyen ordinaire de culture ; que l'on cesse l'ensemencement successif des blés sur le même champ en alternant la culture du blé turc avec celle des pommes de terre et des poirées (bietale), en un mot en y introduisant la culture des plantes sarclées (sarchiate).

Avec ce système, pendant que l'on retirera de nouvelles provisions de nourriture pour l'homme et les animaux, on purgera le terrain de toutes ces herbes inutiles dont les semences, apportées par l'air, par l'eau et par les engrais, couvent au sein des terres à céréales.

En substituant à la pratique imprudente de la jachère la culture des plantes légumineuses et des plantes sarclées, nous accomplirons une grande et salutaire révolution dans l'agriculture de nos provinces.

Grâce à la culture de ces plantes, alternée avec celle des céréales, on maintiendrait la fécondité constante du sol. La répartition des travaux aux diverses époques de l'année serait plus avantageuse. On ferait des économies sur les forces motrices. Les bestiaux se multiplieraient et la race en serait améliorée. Enfin, ce qui à première vue semble paradoxal, cette culture donnerait comme résultat, une plus forte production de céréales, malgré la diminution de l'étendue des terrains qui seraient assignés à celles-ci.

Entrevoyant par la pensée, un avenir beaucoup plus prospère pour l'agriculture de mon pays, j'ai abandonné la voie analytique que je m'étais proposé de suivre pour examiner les conditions actuelles de notre agriculture. Il faut que je reprenne de nouveau cette voie, pour vous persuader, Messieurs, toujours davantage, de la nécessité très urgente qu'il y a, à améliorer ces conditions.

La production limitée des céréales et le manque de production des animaux ne dépendent pas uniquement de la disproportion que nous avons signalée, et qui existe entre l'étendue des prairies et celle des champs. D'autres causes graves au point de vue individuel et très graves au point de vue général concourrent, avec le mauvais système de culture pratiquée dans les terres à grands labourages, à affaiblir la production.

Au nombre de ces causes, il faut noter l'imperfection des instruments aratoires, le peu de soin que l'on donne aux prairies et aux pâturages et le défaut d'irrigation et d'engrais.

Examinons donc ces causes brièvement.

Notre charrue ordinaire, pour ne citer qu'un exemple, ne pénètre pas à plus de 25 centimètres, et nous livre un terrain bien irrégulièrement cultivé.

Pour l'exécution de ce labourage elle dépense presque autant de force motrice que la charrue Sambuy, qui, en raison de sa forme et de la connexité des parties qui la composent, laboure le sol beaucoup plus profondément que la nôtre, soulevant, retournant et brisant les mottes avec plus de facilité ; et livrant un terrain plus aplani et plus régulièrement cultivé.

Les cultivateurs français, anglais, belges et hollandais, surtout les cultivateurs français du nord, connaissent parfaitement les avantages que procurent les labours profonds.

Nos fermiers, au contraire, se figurent qu'on ne peut remuer le sol aussi profondément, qu'en employant même avec des instruments perfectionnés, une énorme force motrice.

Beaucoup de cultivateurs refusent de croire que ces labours profonds conservent l'humidité au sol pendant les grandes sécheresses.

En somme, nos cultivateurs ne veulent pas voir les avantages que ces sortes de labourages peuvent leur procurer. Ils préfèrent tourner et retourner toujours les mêmes mottes de terre, plus que de déterrer du fond du sol, au moyen du soc puissant de la charrue, un capital inerte, oisif, qui dort et qui suffirait, à lui seul, à augmenter la productivité du terrain.

Nous n'avons donc pas lieu de nous étonner si le produit des travaux est, chez nous, inférieur de deux tiers à celui de l'Angleterre et si, pour cultiver un terrain d'une égale dimension nous employons un nombre quadrupe de travailleurs.

C'est une profonde erreur de prétendre que l'agriculture italienne manque de bras, il serait plus juste de dire qu'elle manque de machines perfectionnées qui partout se sont substituées aux hommes que nous, nous continuons à faire travailler comme des machines.

Il est certain que la situation de l'agriculture nationale s'améliorerait si nos cultivateurs comprenant que la terre rémunère l'œuvre directrice de leur intelligence plus largement que l'œuvre de leurs muscles, se décidaient à employer dans la plupart des travaux, les instruments perfectionnés de la mécanique agricole au lieu d'y employer la force, si faible de leurs bras.

Provoquons, messieurs, cette réforme salutaire. Que les riches propriétaires soient les premiers à donner l'exemple !

Et si, au début, comme il est à supposer, le petit cultivateur se montre rebelle à toute innovation, que les propriétaires patientent, en se rappelant que le même fait s'est produit partout où les machines mécaniques remplacent aujourd'hui la machine-homme.

Quand on viendra contester devant ces propriétaires l'efficacité supérieure des travaux mécaniques, qu'ils se souviennent que, quand Robert Peel demanda à la Société des fermiers de Tamworth pourquoi ils n'avaient pas adopté l'usage des charrues en fer dont il leur avait fait cadeau, il lui fut répondu que tous les fermiers les avaient essayées, mais qu'aucun d'eux n'avait voulu les adopter, *ayant remarqué que les charrues en fer faisaient croître plus facilement les mauvaises herbes.*

J'arrive maintenant à l'examen des terrains destinés à la production des fourrages, en répétant que cette production est une question très sérieuse pour l'agriculture italienne.

Cette démonstration serait inutile pour les cultivateurs de la grande vallée du Pô.

Malgré les soins appliquées depuis quelques années à nos prairies, on doit néanmoins avouer franchement que nous sommes encore bien loin d'en retirer tous les bénéfices et tous les avantages qu'elles peuvent nous procurer.

Il ne suffit pas de les engraisser avec du guano, des cendres ou des terreaux (terricciati): les prairies veulent être parfaitement aplanies pour que chaque portion de terrain puisse profiter de sa part d'arrosage.

On ne doit jamais introduire des bestiaux dans les prairies quand le terrain est encore détrempé par la pluie ou par l'arrosage.

L'assainissement des prairies se pratique au moyen des fossés très profonds, même au moyen du drainage, quand l'humidité y est trop grande. Les fossés doivent être souvent nettoyés pour faciliter le libre écoulement des eaux.

Dans quelle mesure voyons-nous adopter généralement ces améliorations et ces pratiques? quels sont les soins que l'on apporte à leur application?

Ce sont les pâturages qui fournissent aux bestiaux le supplément de nourriture que les fourrages ne peuvent leur donner entièrement.

Répandus sur les versants des collines et quelques-uns dans les plaines, les pâturages embrassent presque 5 millions et demi d'hectares; ils constituent par conséquent la cinquième partie du territoire agricole italien. Ce sont pour la plupart des territoires communaux, c'est-à-dire des terrains que personne ne soigne et dont tout le monde profite.

Tous ces terrains, messieurs, que l'on pourrait utilement transformer en forets, en champs, en vignes, en prairies arrosables, ou pour le moins en pâturages clos et bien tenus, tous ces terrains que tout le monde épuise, que les eaux mêmes ruinent par la stagnation; tous ces terrains, dis-je, ne vous donnent-ils point une idée, ou plutôt n'y voyez-vous pas l'image frappante, de la négligence et de la misère?

Quels sont les avantages que l'agriculture, je dirai même, la morale publique, retirent de ces pâturages communaux?

Cette communauté de pâturages permet elle d'améliorer les champs et les prairies adhérentes? Peut-on provoquer la multiplication des bestiaux? Ces pâturages communaux enfin, sont-ils un stimulant pour les cultivateurs; élèvent-ils chez eux le respect de la propriété? Non.

Pourquoi donc alors ne pas provoquer la division et l'aliénation de ces pâturages? Pourquoi ne pas assurer leur culture au moyen d'encouragement, de prix ou de contrats spéciaux? Pourquoi, en un mot, les municipalités italiennes conservent-elles encore ces vieux restes des temps barbares, dont les autres nations ne se souviennent même plus?

Pour les mêmes raisons, les biens fonciers de mains-morte, qu'ils soient la propriété du Gouvernement ou celle du clergé, sont, eux aussi, un obstacle à l'amélioration et au progrès de l'agriculture. Partout où ces biens sont en majorité, la situation agricole est beaucoup plus misérable.

Nous avons un triste exemple de ce fait dans les Deux-Siciles et dans les Etats-Romains, où, dans certaines provinces, les propriétés ecclésiastiques constituent le quart et plus de la totalité du territoire.

La division de ces terres et leur conversion en propriétés individuelles seraient sans doute un progrès pour notre agriculture; par ce que la propriété individuelle n'est pas seulement un stimulant, mais elle est encore une condition nécessaire à la bonne culture de la terre.

Nous avons remarqué précédemment le peu d'espace accordé aux prairies; j'ajoute que le mal serait moindre si les prairies étaient arrosables.

L'irrigation est très utile aux prairies et aux pâturages, sous quelque climat qu'ils se trouvent. Elle est d'un avantage inestimable et d'une nécessité absolue pour les pays ensoleillés comme le nôtre.

Des torrents impétueux descendent des Apennins et des Alpes, et pourtant l'on ne pense pas à arroser avec ses eaux abondantes, les terrains secs et arides qui les environnent.

Les eaux fluviales mêmes sont perdues si quelques difficultés se présentent à leur utilisation. Combien de richesses délaissées !

Recueillis dans des réservoirs au moyen d'endiguements, ou conduites par des déclivités lentes, toutes ces eaux serviraient à l'arrosage des plaines et des versants les moins inclinés de toute la Péninsule et donneraient à l industrie une puissante force motrice.

Parcourez, Messieurs, les plaines de la Lombardie, et là vous verrez avec quelle sagesse et quel soin on recueille le moindre filet d'eau pour le distribuer aux diverses pièces de terre. C'est l'eau qui rend l'agriculture lombarde riche et admirée. L'eau pourrait aussi constituer la richesse future de toute l'Italie.

Aux nombreux terrains brûlés par un soleil ardent, viennent s'ajouter, comme triste pendant, les marécages et les étangs qui couvrent une bonne part de nos côtes marines. Un million deux-cent mille hectares de terrains sont rendus insalubres, stériles et déserts par les eaux stagnantes qui les transforment en des vastes marais.

Les cultivateurs hollandais ont conquis sur les bords de la mer, toutes leurs propriétés ; nos aïeux ont transformé en jardins les terrains marécageux de toute la Lombardie. Serions-nous, par hasard, incapables de dessécher nos terres et nos marais ou de rendre au moins à l'agriculture, les terres qui, incultes aujourd'hui, furent au temps passé, au nombre des plus fertiles et des plus peuplées du monde ?

En compensation du défaut de fourrages et de bestiaux que nous avons signalé, les cultivateurs italiens devraient apporter plus de soins à la production des engrais et à leur conservation.

Malheureusement, si tous savent que la quantité et la qualité des produits dépendent des engrais, ils sont très peu nombreux, au contraire, ceux-là qui en prennent soin et qui les emploient avec discernement.

Je ne vous parlerai pas des excréments qui se perdent au moyen des égouts publics, et qui seraient très-utiles à l'agriculture, sans pour cela, porter atteinte à l'hygiène publique.

Je ne vous parlerai ici que du peu de soin apporté au traitement du fumier. On ne s'occupe point de le réunir sur un plan incliné, imperméable, avec des fosses pour en recueillir les écoulements ; on n'a pas soin de le mettre à l'abri des ardeurs du soleil ni du lavage par les eaux pluviales descendant des toits. On ne s'occupe pas non plus d'en soigner la fermentation en l'arrosant avec le purin qui s'en écoule ou simplement avec de l'eau. On ne pense pas enfin à empêcher la dispersion de ses principes volatiles en y répandant une solution de sulfate de fer ou de plâtre.

Quelle efficacité veut on retirer d'un fumier ainsi détrempé par la pluie, séché par le soleil et librement pénétré par l'air?

Quelle excuse faut-il admettre à tant de négligences, dans un pays qui, ayant besoin tous les ans de douze millions de myriagrammes de fumier, ne peut en produire, dans les conditions actuelles, que tout juste le tiers ?

Je vous ai déjà dit que nous, qui sommes si riches en dons naturels, nous sommes, au contraire, très pauvres de tout ce que l'art a pu conquérir. Si tout ce qui a été signalé jusqu'à présent ne suffit pas à le démontrer, voici d'autres preuves encore

Le défaut de production des céréales et des animaux pourrait être largement compensé par les produits de certaines cultures et de certaines industries auxquelles conviennent admirablement le sol et le climat de notre Péninsule.

Les huiles, les citrons, les oranges, et surtout la soie et le vin, sont les parties les plus importantes de notre production agricole; elles pourraient encore être augmentées.

La sériciculture a été appelée, avec beaucoup de vérité, la source d'or de l'Italie; en effet, avant l'atrophie des vers à soie, son produit atteignait 214 millions de francs, et surpassait celui de tout le restant de l'Europe.

Le célèbre sériculteur, le sénateur Audifredi, nous fait néanmoins observer judicieusement que ce produit est encore relativement minime si l'on considère l'extension que pourrait prendre la culture du mûrier dans l'Italie centrale et dans l'Italie du sud, où la production de la soie arrive à peine au quart de celle de la Haute-Italie.

Il n'en est pas de même des vignes, qui sont cultivées dans toutes les provinces de l'Italie, sur les versants des collines et dans les plaines et qui partout, donnent en abondance des fruits excellents.

Malheureusement une négligence déplorable dans la fabrication des vins empêchent ceux ci, sauf quelques rares exceptions, de correspondre à la bonté du climat et à la bonté du fruit qui les a produit.

Il en résulte que pendant que les statistiques commerciales de la France, de la Grèce, de l'Espagne et du Portugal signalent, parmi les sources principales de la richesse publique, l'exportation des vins, la statistique de l'Italie nous donne un chiffre bien petit pour ce qui est des vins de la Sicile et de la Sardaigne. Nous sacrifions donc à nos mauvais systèmes de fabrication et au peu de soin que nous apportions à la culture de la vigne, un bénéfice qui, tous les ans, pourrait s'élever à 200 millions de francs.

Mais sans poursuivre plus loin cette revue comparative, pour mettre en relief la situation malheureuse de notre agriculture, il nous suffira de faire remarquer qu'en comptant la valeur totale des produits agricoles et en déduisant la totalité des frais qu'ils entraînent, le bénéfice net se réduit, en moyenne, à 17 francs par hectare de terrain imposable, tandis qu'en France le bénéfice net par hectare est de 173 francs, en Angleterre de 200 et en Belgique de 281 francs.

Tous ces pays, ont-ils, par hasard, reçu de la nature un sol et un climat meilleur que ceux de l'Italie ! Non. — De quelle façon ont-ils donc pu augmenter à ce point leur production agricole ? Avec l'art, messieurs, avec l'art seul. Non pas avec cet art qui, esclave des préjugés, ferme les yeux à la lumière de la vérité, mais avec cet art éclairé par la science, avec cet art qui est comme le bras opérateur de la science même.

Parcourez, en effet, les contrées du nord de l'Europe où le cultivateur soutient une lutte continuelle avec la nature qui se montre si peu prodigue pour lui. Vous y verrez toutes les réformes appliquées, les fumures copieuses, les labourages profonds, les instruments perfectionnés ; vous y verrez les meilleurs assolements, la production des bestiaux et l'amélioration des races ; vous y verrez le drainage, l'irrigation et le défrichement des terrains incultes ; en un mot, vous trouverez dans ce pays les conseils de la science agronomique mis en pratique.

Les cultivateurs de ces contrées transportent dans leurs champs les prescriptions de la science et les appliquent par tous les moyens que les progrès de notre siècle peuvent mettre à leur disposition; c'est-à-dire avec l'instruction agricole, avec la tutelle de la propriété, avec l'esprit d'association et l'encouragement par les exemples, et surtout par la modération des impôts grévant la propriété foncière.

Jetez maintenant un regard sur nos terres, d'un bout à l'autre de la Péninsule ; observez les travaux qui s'exécutent et les instruments dont on se sert ; examinez les systèmes de culture, la manière de traiter les engrais, les soins qu'on donne aux animaux, et puis dites-moi franchement combien, de toutes les améliorations adoptées par les autres nations, combien, dis-je, ont pris place chez nous ?

Pensez à nos 15 millions de cultivateurs. Qu'avons-nous fait pour les instruire dans la profession qui est leur vie entière ? Qui leur donne des conseils et les encourage à améliorer la culture du sol ?

Qui leur donne le bon exemple, c'est-à-dire le meilleur des enseignements ? Qui provoque chez eux l'esprit d'association, ce levier si puissant de notre siècle ? Où sont les secours, les encoura-

gements, les banques de crédit rural, lesquelles
ont rendu ailleurs de si grands services aux grands
comme aux petits propriétaires ?

Je vous dirais plus. Quels avantages avons-nous
concédés aux cultivateurs comme compensation
aux sacrifices énormes qui leur sont imposés ?

Compterait-on, par hasard, comme une compensation suffisante la liberté civile et politique
qu'on leur a octroyée, quand, délivrés de l'es-
clavage du corps et non pas de celui de l'esprit,
qui est mille fois pire, ils continuent d'être les
serfs de notre corps social !

Il a déjà été dit plusieurs fois, et par des publi-
cistes et par des hommes politiques, que, pour
améliorer les conditions économiques de notre
pays, il fallait accroître sa force productive. Mais
ce que l'on ne répète pas assez, c'est que, malgré
les impôts anciens et nouveaux, malgré les
économies toujours à l'état de projet, susceptibles
d'être réalisées dans toutes les branches de
l'administration publique, les finances de l'Etat
ne pourront être rétablies tant que le pays ne se
suffira pas à lui-même, en faisant plus d'exportation que d'importation et en produisant sa
propre consommation.

L'amélioration de l'agriculture étant donc une
nécessité économique et politique très urgente et
de la plus haute importance, il faut qu'à l'exécution de cette œuvre, plus ardue et plus difficile
qu'elle ne paraît, concourrent, bien unis, le
Gouvernement, les départements, les communes,
les comices, et enfin, tous les bons citoyens qui
aspirent sincèrement à voir l'Italie reconquérir

son ancienne prospérité et le rang qu'elle occupait jadis au milieu des nations civilisées

Mais l'œuvre la plus noble et la plus utile qu'un citoyen puisse accomplir, est celle qui vous incombe, messieurs les instituteurs.

Parmi les obstacles qui entravent le progrès agricoles, obstacles de natures diverses, il en est un très grave et contre lequel, jusqu'à présent, sont venues se briser, comme sur un écueil toutes les tentatives d'innovation d'instruments, de systèmes et de pratiques rurales.

Cet obstacle, c'est l'ignorance des cultivateurs.

Notre paysan est honnête, laborieux ; il a beaucoup de patience ; mais en même temps, il est entêté, superstitieux et présomptueux, croyant n'avoir plus rien à apprendre pour l'exercice de son métier.

Notre paysan conserve intacts, dans sa mémoire, ses fausses croyances et ses préjugés. Il est offusqué par toute innovation. Il refuse d'examiner toute pratique nouvelle et il la juge sans y prêter aucune attention pour pouvoir en reconnaître les avantages et les défauts.

En un mot, notre paysan n'a pas l'habitude de discuter les faits : il est absolu dans ses jugements et se croit presque infaillible.

Qu'il soit propriétaire ou métayer, notre paysan veut faire toutes choses à sa guise.

Il est donc nécessaire de l'instruire pour pouvoir améliorer notre agriculteur : il faut dissiper l'ignorance et les préjugés des paysans pour pouvoir faire disparaître cette idée que la culture se réduit à une simple pratique, à laquelle les secours de la science sont plus nuisibles que favorables.

Il faut instruire le cultivateur pour relever la profession agricole et celui qui l'exerce ; pour faire cesser l'indifférence et je dirais presque le mépris qui a été attaché jusqu'à présent à cet art, le plus noble et le plus digne d'un concitoyen libre et indépendant !

Quels sont donc ceux qui doivent se faire les dispensateurs de ces lumières ? C'est à vous, messieurs les instituteurs, que cette tâche incombe ; à vous qui, ayant consacré à cette classe des héritiers et jusqu'à présent négligée, votre œuvre toute d'abnégation, avez acquis, en échange, son estime et son respect.

Augmentez, s'il est possible, le mérite de votre œuvre et propagez dans les écoles des jeunes garçons et des adultes, les principes de l'art rural.

En faisant cela, vous démontrerez de plus en plus la vérité que renferme l'axiome de l'éminent économiste qui a dit :

Le maître d'école est la puissance nouvelle que notre siècle a vu surgir.

Imprimerie Niçoise, descente Crotti, 8.